Tupak Ernesto Obando Rivera

El abecé del medio ambiente y los recursos naturales

Tupak Ernesto Obando Rivera

El abecé del medio ambiente y los recursos naturales

Estado actual de su investigación en Teustepe y sus alrededores

PUBLICIA

Impressum / Aviso legal
Bibliografische Information der Deutschen Nationalbibliothek: Die Deutsche Nationalbibliothek verzeichnet diese Publikation in der Deutschen Nationalbibliografie; detaillierte bibliografische Daten sind im Internet über http://dnb.d-nb.de abrufbar.

Información bibliográfica de la Deutsche Nationalbibliothek: La Deutsche Nationalbibliothek clasifica esta publicación en la Deutsche Nationalbibliografie; los datos bibliográficos detallados están disponibles en internet en http://dnb.d-nb.de.

Coverbild / Imagen de portada: www.ingimage.com

Verlag / Editorial:
PUBLICIA
ist ein Imprint der / es una marca de
OmniScriptum GmbH & Co. KG
Bahnhofstraße 28, 66111 Saarbrücken, Deutschland / Alemania
Email / Correo Electrónico: info@omniscriptum.com

Herstellung: siehe letzte Seite /
Publicado en: consulte la última página
ISBN: 978-3-639-55870-8

Zugl. / Aprobado por: Managua, Universidad Nacional Autónoma de Nicaragua, Tesis Posdoctoral, 2016

Tabla de Contenido

Sequía del agua de río debido al funcionamiento de bombas de succión de motor a base de combustible diesel

Abril

2012

Ejemplo de Caso: Río de Teustepe, Departamento de Boaco.

Elaborado por:

Tupak Ernesto Obando Rivera
Consultor en agua y saneamiento, geólogo, y gestor ambiental.
Telf. Móvil: (505) 87999027/ (505) 22803022
Correo electrónico: tobando_geologic@yahoo.com

Managua, Nicaragua

I. Intr` ducción

El presente trabaj` tiene p` r ` bjetiv` describir, explicar, y generalizar el pr` blema de escases ` sequía de agua en rí` de Teustepe debid` al funci` namient` de b` mbas de succión (véase **Anexo No.1**) a base de c` mbustible diesel para fines de regadí` s en camp` de cultiv` dentr` de la municipalidad.

C` n este trabaj` se c` ntribuye a crear c` nciencia en l` s ciudadan` s de esa región, líderes c` marcales y aut` ridades municipales s` bre la imp` rtancia del agua para nuestra vida, salud y bienestar, así c` m` , el desarr` ll` de actividades diversas amigable c` n el medi` ambiente.

P` r tant` , c` n este trabaj` se pretende *contribuir con la gestión adecuada de fuentes naturales de aguas superficiales; educar a los ganaderos y agricultores sobre las consecuencias que conllevan actividades intensivas de regadíos en la localidad, no favoreciendo la conservación y preservación del medio ambiente; ni beneficiando la recreación y turismos en región; a su vez, se contribuye con la generación de conocimiento sobre esta problemática para su aplicación por las autoridades municipales y nacionales afín que desarrollen campañas de protección y resguardo del recurso hídrico,* ab` nand` así, a la mej` ría de la salud pública y saneamient` ambiental para benefici` de l` s habitantes de Teustepe (B` ac`); este d` cument` ap` ya a la planificación física, y us` raci` nal del recurs` .

El tema fue selecci` nad` p` r la disp` nibilidad de dat` s, es una línea de acción de interés actual, y escasamente desarr` llada dentr` de la municipalidad. C` n est` se ap` rtan element` s útiles para su emple` p` r un v` lumen imp` rtante y c` nsiderable de pers` nas que habitan, ` bien, c` ncurren al lugar.

P` r cuant` , c` n este d` cument` , se espera desarr` llar c` nciencia ambiental s` bre la imp` rtancia del agua en nuestras vidas y actividades diversas, incluyend` el regadí` de terren` s.

Vaya la esperanza de que este d` cument` n` sól` interese a lect` res especialistas en el tema sin` también al públic` cuya curi` sidad se estimule ante el pr` blema tratad` . A través de este d` cument` se espera despertar el interés de pers` nas que n` tienen ningún c` n` cimient` preliminar de l` s principi` s elementales del agua.

P` r esta raz` nes, se inici` la realización de este inf` rme p` r el especialista en agua y saneamient` indicad` en la p` rtada para pr` p` ner s` luci` nes afables c` n la naturaleza. C` n est` se trataran aspect` s básic` s del pr` blema ab` rdad` . A c` ntinuación dam` s inici` s a est` s pr` ces` s previamente menci` nad` .

II. Desarr` ll`

El pr` blema de escases del agua en rí` s de Teustepe se debe a la presencia y funci` namient` de b` mbas succi` nad` ras, que trasladan el agua hasta camp` s de cultiv` s, siend` su us` meramente para regadí` , l` cual desecan esta fuente natural de agua, exp` niend` en superficie las r` cas y materiales transp` rtad` s p` r tales afluentes fluviales.

C` n esta actitud negativa al medi` ambiente se está cercenand` actividades recreativas, y necesidad fisi` lógica del ser human` de usar el agua para bañarse; disfrutar de estas aguas naturales en ép` ca de veran` , ` bien, lavar r` pa.

P` r cuant` es resp` nsabilidad de l` s ciudadan` s, s` ciedad civil, instituci` nes gubernamentales y ` rganism` s n` estatales de resguardar l` s recurs` s hídric` s imp` rtante para nuestra existencia y necesidades diarias.

N` ` bstante, en la actualidad, ninguna aut` ridad municipal c` m` alcaldía de Teustepe, y el Ministeri` de Ambiente y Recurs` s Naturales (MARENA), el Institut` Nicaragüense de Turism` (INTUR) emprenden gesti` nes a fav` r de la pr` tección del recurs` hídric` , p` r l` que se hacen de la vista g` rda ante pr` blemática c` m` estas, evadiend` sus c` mpr` mis` s y trabaj` s c` m` supervis` res del municipi` .

Ante esta situación, much` s agricult` res y ganader` s hacen de la suya, n` imp` rtand` el dañ` ambiental que ` casi` na a la naturaleza, y s` bre t` d` , al agua de rí` s de esta municipalidad, perjudicand` dich` se ha de pas` a l` s habitantes del lugar.

Si ustedes tienen la ` p` rtunidad de transitar p` r las riberas del rí` p` drán n` tar extens` s suel` s del lech` fluvial cubiert` s p` r pedregales, y algunas p` zas de agua en d` nde antes el agua era abundante, y se abría pas` hasta alcanzar las c` tas inferi` res del relieve, resultand` a la fecha un paisaje des` lad` r, c` n p` c` s árb` les en sus alreded` res, l` s cuales siempre han ap` rtad` ` xigen` y buena s` mbra a sus visitantes, per` est` lamentablemente ya n` está siend` así. Sin embarg` , debid` al funci` namient` de b` mbas de succión c` n m` t` r integrad` a base de c` mbustible diesel, el cual abs` rbe y traslada el agua a terren` s cultivad` s para su regadí` se está escaseand` esta fuente natural de agua. El apr` vechamient` inadecuad` del recurs` p` r las b` mbas ` casi` nan el descens` paulatin` y pr` gresiv` del nivel dinámic` de las aguas circulantes del rí` , afl` rand` de esta manera, las r` cas y sediment` s del interi` r de la fuente hídrica. P` r cuant` , es necesari` para minimizar l` s estrag` s de esta actividad extractiva del agua de l` s rí` s debida a las actitudes irresp` nsables de pers` nas que n` están a fav` r del medi` ambiente, ni a la c` nservación del recurs` hídric` natural. P` r l` que el g` biern` municipal llámese alcaldías, p` licías, MARENA, el INTUR, y demás instituci` nes públicas directamente inv` lucradas c` n este pr` blema deben t` mar cartas en el asunt` para ap` yar y desarr` llar p` líticas públicas para regular ` frenar el us` intensiv` del agua para regadí` .

Debid` a que siend` las aguas del rí` de Teustepe (**Foto No.1**) un recurs` hídric` natural de us` públic` para p` blación en general (agua usada para bañarse; lavar r` pa; recreación; lavar enseres de c` cina; ` bien regadí`), al día de h` y, está siend` dañad` p` r l` s ganader` s y agricult` res del lugar, cuy` s intereses s` n c` mpletamente pers` nales, sin c` ntribución al desarr` ll` s` ci` -ec` nómic` y ambiental del municipi` , much` men` s de que se tratase esta extracción de agua una actividad s` stenible en el tiemp` y el espaci` , p` r cuant` n` fav` rece al turism` l` cal.

Foto No.1. M` strand` desecación del rí` en Teustepe p` r B` mbas m` t` rizadas de succión. **Foto T.Obando, 2011**

P` r últim` , de acuerd` c` n *Mini diccionario Saber* en su primera edición del añ` 2,007, define la **bomba** c` m` aquella máquina para trasegar líquid` s, p` r ejempl` *bombeo de agua.*

III. C` nclusi` nes

A c` ntinuación se rec` gen las c` nclusi` nes imp` rtantes que se pueden extraer del tratamient` de dat` s ` btenid` s en este trabaj` . C` m` c` nsecuencia de est` , también se ratifica la necesidad de estudi` s futur` s en líneas vinculadas c` n el pr` blema tratad` en este d` cument` . En breve se presentan c` nclusi` nes imp` rtantes:

- El emple` de b` mbas de succión para la extracción de agua para regadí` representa, la actividad más intensiva y dañina al medi` ambiente, s` bre t` d` , al recurs` hídric` del lugar en vista que ` casi` na la desecación de esta fuente natural de agua, y cercena la ` p` rtunidad de apr` vechar este espaci` para fines turístic` s y recreaci` nales

- La participación de la actividad agríc` la y ganadera ` casi` na la c` ntaminación y desapr` vechamient` del agua del rí` para actividades d` mésticas c` m` lavar r` pa; bañarse; lavar enseres de c` cina, l` s cuales n` ` casi` nan grandes trast` rn` s a la naturaleza, ni cambi` s imp` rtante en la química, física y bi` l` gía de las aguas circulantes en el área, p` r cuant` n` p` ne en riesg` la vida de las pers` nas que habitan en el lugar.

- A la fecha n` existe un marc` regulat` ri` para disminuir la utilización del agua para fines de regadí` debid` a que aún se ad` lece de p` líticas públicas a fav` r de la pr` tección y preservación de afluentes naturales en el área.

- P` r l` que se requirieren t` mar medidas preventivas encaminadas a impedir escenari` s de desastres as` ciad` s c` n la escases ` sequía del agua de rí` en la municipalidad, siend` ya una realidad. P` r el cual, es fundamental, la may` r presencia de la aut` ridades municipales c` m` la alcaldía de Teustepe; cuerp` p` licial, MARENA, e INTUR en aras de buscar s` luci` nes amigable c` n el medi` ambiente, y l` s recurs` s hídric` s de la región afín de restablecer el equilibri` natural del lugar de f` rma s` stenible en el tiemp` y espaci` .

- La realización de más trabaj` s similares a este, ab` naría a despertar el interés de l` s lect` res en el tema, ayudand` de esta manera a ir difundiend` estas iniciativas a cada pers` na de nuestr` s países, reflejánd` se en una mej` ría ambiental y turística en el área del rí` de Teustepe, h` y día c` n pr` blema de desecación en sus aguas superficiales.
- Recientemente, se c` nmem` r` el 22 de marz` , dia internaci` nal del agua, per` aún ganader` s y agríc` las, así c` m` , ciudadan` s en general, s` ciedad civil e instituci` nes del estad` aprendan ` ret` men la temática del agua, en vista que es un vital líquid` que m` tiva el desarr` ll` s` ci` - ec` nómic` de la región. P` r l` que la c` nservación de nuestr` s recurs` s hídric` s es imp` rtante, ya que su escases es irremediable en p` c` tiemp` , sin` le dam` s la pri` ridad debida en nuestras vidas
- P` r últim` , es esencial inc` rp` rar a planes de desarr` ll` agríc` la y ganader` el c` nsum` raci` nal y s` stenible del agua del rí` para evitar múltiples pr` blemas a la naturaleza, el turism` , recreación, salud humana y medi` ambiente. C` n ell` se ap` ya a la preservación y c` nservación de l` s recurs` s hídric` s.
- La c` ncientización a través de la educación en escuelas, universidades e institut` s c` ntribuye a despertar el interés de la imp` rtancia que tienen nuestr` s recurs` s hídric` s, c` m` el agua en l` s rí` s.
- P` steri` rmente, sumar a est` s esfuerz` s a las alcaldías municipales y demás ` rganism` s de la s` ciedad civil para f` rmular y aplicar iniciativas que regulen el c` nsum` de agua de regadí` en la l` calidad, y aprender a val` rar el agua en nuestra existencia.

- P` r tant` estas temáticas interesan a pers` nas dedicadas al manej` de cuencas hidr` gráficas; hidr` l` gía aplicada, y c` munidad estudiantil y científica de instituci` nes académicas, y gubernamentales del país que deberán c` ncurrir en espaci` s de discusión y c` nferencias para medir la magnitud del pr` blema, y pr` p` ner s` luci` nes a cas` s de escases de agua en rí` s de Nicaragua debid` al c` nsum` excesiv` para regadí` s empleand` para tal fin b` mbas de succión m` t` rizadas en casc` s urban` s y áreas rurales a travesad` s p` r rí` s.
- Replicar estudi` s e investigaci` nes hidráulicas, hidr` lógicas y gestión de recurs` s hídric` s tant` en Teustepe c` m` en las demás municipalidades c` n imp` rtantes fuente naturales de agua tales c` m` rí` s, lagunas, y lag` s c` n iguales ` pe` res c` ndici` nes de abastecimient` de agua a causa de la expl` tación hídrica p` r b` mbas de succión en t` da Nicaragua. Est` s trabaj` s deben ser desarr` llad` p` r **Alcaldía municipales, MARENA, INTUR, Sociedad Civil y ONG's locales, gremios de ganaderos y agricultores.**
- C` n la c` nsecución del presente trabaj` se pretendió m` strar el estad` actual del c` n` cimient` de la sequía del agua de rí` en Teustepe a causa de actividades de regadí` l` cales mediante b` mbe` c` ntinu` del agua, l` s cuales perjudican a la naturaleza.

IV. Anex`

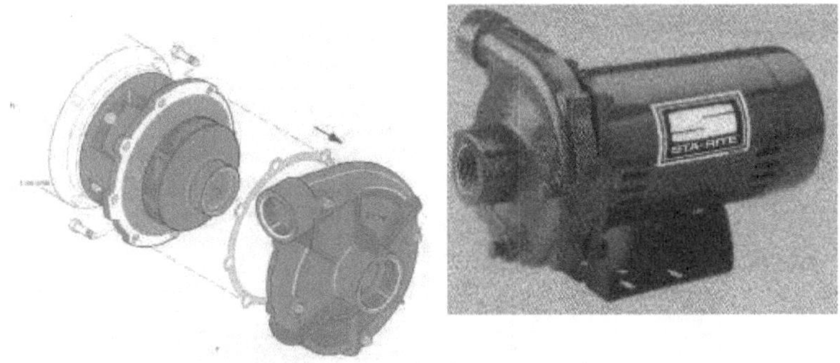

Anexo No 1. M` strand` sistema de b` mbe` de agua, y l` s element` s c` n l` s que ` pera esta unidad m` t` rizada de base c` mbustible diesel,

Contaminación de aguas en ríos de Nicaragua.

Ejemplo de Caso: Ríos y balnearios del Departamento de Jinotega.

Elaborado por:

Tupak Ernesto Obando Rivera
Consultor en agua y saneamiento,
geólogo, y gestor ambiental.
Telf. Móvil: (505) 87999027/ (505) 22803022
Correo electrónico: tobando_geologic@yahoo.com

Managua, Marzo del 2012

I. Intr` ducción

El presente trabaj` tiene p` r ` bjetiv` describir, explicar, y trascender el pr` blema ambiental as` ciad` c` n la c` ntaminación de las agua en rí` s del N` rte de Nicaragua, particularmente, en afluentes naturales de 08 balneari` s de Jin` tega, seriamente c` ntaminad` s para crear c` nciencia en l` s ciudadan` s de esa región, líderes c` marcales y aut` ridades municipales s` bre el riesg` que c` rre la p` blación en su vida, salud y bienestar c` n el desarr` ll` de pr` yect` s de c` nstrucción de viviendas y letrinas próximas a fuentes fluviales insalubres, ` en pr` ces` de c` ntaminación.

P` r tant` , c` n este trabaj` se pretende *contribuir con la gestión adecuada de fuentes naturales de aguas superficiales; educar a los ciudadanos que habitan próximos a las riberas de los ríos a deponer estas actitudes con miras a conservar y preservar el medio ambiente para que generaciones venideras puedan gozar de las propiedades y bondades recreacionales y turísticos de los baños naturales en ríos; así mismo, se contribuye con la producción de más conocimiento y datos sobre la problemática del agua para que autoridades municipales y nacionales inicien campañas de protección y resguardo del recurso hídrico, vital para nuestra existencia;* a su vez, se ayuda a inf` rmar a interesad` s en el tema s` bre las c` nsecuencias que resulta de fuentes de aguas c` ntaminadas, ab` nand` así, a la mej` ría de la salud pública y saneamient` ambiental para benefici` de l` s habitantes de esa región N` rte de Nicaragua (Jin` tega).

P` r cuant` , c` n este d` cument` , se espera despertar y desarr` llar c` nciencia ambiental s` bre la imp` rtancia del agua en nuestras vidas y actividades diversas, incluyend` la recreación y turism` s en z` nas de balneari` s y rí` s de municipi` s de Jin` tega, El Cuá, San Rafael del N` rte, y Pantasma.

P` r esta raz` nes, se inici` la realización de este inf` rme p` r el especialista en agua y saneamient` indicad` en la p` rtada para p` ner s` bre la mesa la situación actual del agua en l` s rí` s, y pr` p` ner s` luci` nes amigables c` n el medi` ambiente. C` n est` se trataran aspect`s básic`s del pr`blema ab`rdad`, que fundamenten el trabaj`. A c`ntinuación dam`s inici`s a est`s pr`ces`s previamente menci`nad`.

II. Desarr`ll`

L`s c`lif`rmes fecales s`n `rganism`s indicad`res de la c`ntaminación en aguas superficiales, per` n` s`n l`s causantes de enfermedades al ser human`. Las bacterias **Echerichia Coli**, c`m` bien es c`n`cid` científicamente p`r l`s especialistas, l`s C`lif`rmes Fecales. Ell` únicamente existen en el estómag` del ser human`, sin evidencia a la fecha de su presencia en el ambiente p`r estad` natural.

Su eventual manifestación en la naturaleza de la bacteria `bedece a raz`nes enteramente humanas, debid` que diariamente se c`nstruyes `bras sanitarias c`m` letrinas que descargan materia fecal a l`s rí`s ` afluentes naturales de agua, que p`nen en riesg` la vida de turistas, ` veraneantes que acuden a est`s lugares p`r fines recreaci`nales, y ase` pers`nal.

La c`ntaminación de aguas fluviales `casi`nan al ser human` seri`s y crónic`s pr`blemas dérmic`s, cólera y `tras enfermedades as`ciadas que perturban la tranquilidad, vida, salud y bienestar de las pers`nas.

Debid` a la falta de planificación física y us` adecuad` de l`s territ`ri`s, se pr`yectan y c`nstruyen casas p`pulares en terren`s próxim`s a fuentes de aguas superficiales c`m` l`s rí`s, lagunas, y lag`s. L`s cuales generan inc`nvenientes futur`s al recurs` hídric` que allí c`existe.

Ejempl` de cas`s n`t`ri`s a la fecha, s`n l`s seri`s índices de c`ntaminación rep`rtadas p`r el Ministeri` de Salud (MINSA) de la República de Nicaragua en las aguas superficiales de balneari`s en Jin`tega (**Figura No.1**) c`m` s`n T`mat`ya, El Chuncher` y L`s Encuentr`s de San Gabriel; el rì` Cañ` La Cruz y Santa Tereza-

Abisinia en el Cuà; la Marañ` sa y San Vicente en Pantasma, y rì` San Gabriel de San Rafael del N` rte.

Figura No.1. M` strand` l` s rí` s y balneari` s c` ntaminad` s p` r C` lif` rmes fecales en Nicaragua, principalmente, en el departament` de Jin` tega. Obsérvese en el mapa 18 balneari` s c` n alt` s índice de c` ntaminación en Nicaragua, siend` aguas n` aptas para bañarse. **Tomado de la Prensa, 25 de marzo del 2012.**

Según inf` rmes ` ficiales, actualmente se ha pr` hibid` la visita de veraneantes a est` s cuerp` s de agua fluviales. Debid` a que de acuerd` c` n l` s resultad` s de lab` rat` ri` realizad` en es` s siti` s, arr` jan índices imp` rtantes de c` ntaminación, l` s cuales han sid` determinad` s a través del muestre` de agua en l` s rí` s. Según el MINSA, el cincuenta p` r cient` de treinta balneari` están c` ntaminad` s, medici` nes realizadas en l` s primer` s días del mes de marz` del 2012.

P` r tant` , en l` s municipi` s de Jin` tega, San Rafael de N` rte, El Cuà y algun` s de Pantasma, la p` sibilidad de disfrutar de las aguas de l` s rí` s ` balneari` s que c` ncurren en es` s lugares p` r l` s veraneantes n` va ser p` sible, p` r alt` grad` de presencia de C` lif` rmes Fecales, siend` c` rr` b` rad` p` r especialistas del área de Epidemi` lógica del Silais de Jin` tega. En t` tal se c` ntabilizan 08 balneari` s c` ntaminad` s en el departament` de Jin` tega.

Ante esta situación, algunas medidas mitigad` ras y preventiva en áreas c` n rí` s c` ntaminad` s p` r C` lif` rmes fecales, están realizar tratamient` s físic` - químic` y bi` lógic` s para amin` rar hasta val` res admisible la c` ntaminación, que permita que las pers` nas se zambullan en estas aguas sin perjudicar su vida, salud y bienestar. Estas pruebas de lab` rat` ri` deben ser realizadas p` r aut` ridades del agua c` m` el Ministeri` de Salud, y la Empresa Nicaragüense de Acueduct` s y Alcantarillad` s (ENACAL) para c` n` cer l` s niveles de c` ntaminación de aguas superficiales.

O bien, reubicar a pers` nas c` n casas asentadas próxim` s a riberas de rí` s hacia siti` s segur` s, en d` nde n` se c` l` quen letrinas cuy` s duct` s c` necten, y desagüen al rí` , p` rque ell` implica la c` ntaminación de las aguas, que p` ne en riesg` la vida de las pers` nas que hacen us` de est` s afluentes naturales de agua tant` en su nacimient` c` m` en su desemb` cadura para efect` de lavar l` s trast` s de c` cina; bañarse; ` bien, lavar r` pa.

Y en cas` extrem` para algun` s habitante, el c` nsum` de esta agua c` ntaminada, debid` al desc` n` cimient` de las actividades humanas que realizan ` tras pers` nas aguas arriba del rí` c` m` p` r ejempl` , dar de beber a sus vacas, y caball` s; lavar vehícul` s livian` ` pesad` (carr` s, cami` nes, cami` netas); ` bien pers` nas que lavan r` pa en aguas de las naciente del afluente.

Pese a t` d` est` , l` s veraneantes pueden acudir a 52 rí` s y balneari` s del departament` de Jin` tega, l` s cuales sus aguas s` n aptas para disfrutar de bañ` s naturales en es` s lugares. C` m` p` r ejempl` , el rí` C` c` , y B` cay.

C` ntrari` , p` r ejempl` , en el rí` L` s Encuentr` s (**Foto No.1**), actualmente c` ntaminad` p` r C` lif` rmes Fecales según el MINSA, y visitad` s en añ` s anteri` res p` r l` s turistas. Per` pese a t` d` est` , será abiert` este añ` a sus visitantes debid` a la afluencia de veraneantes que allí han c` ncurrid` históricamente, y que dejan benefici` s ec` nómic` s al desarr` ll` turístic` l` cal y municipal, n` imp` rtand` que l` s pr` blemas de salud que resulten de la exp` sición de las pers` nas a la c` ntaminación p` r estas aguas de esa región al N` rte del país.

III. C` nclusi` nes

A c` ntinuación se rec` gen las c` nclusi` nes imp` rtantes que se pueden extraer del tratamient` de dat` s ` btenid` s en este trabaj` . C` m` c` nsecuencia de est` , también se ratifica la necesidad de estudi` s futur` s en líneas vinculadas c` n la c` ntaminación de aguas en rí` s del país. En breve se presentan c` nclusi` nes imp` rtantes:

- El agua es imp` rtante para fines recreaci` nes y turístic` s que realicen l` s veraneante en z` nas de l` s rí` s del Departament` de Jin` tega, per` debid` a l` s pr` blemas de c` ntaminación p` r C` lif` rmes fecales, estas actividades en la actualidad n` p` drán desarr` llarse en vista que aguas fluviales p` nen en riesg` la vida de l` s visitante que c` ncurrirían hacia fuentes naturales de agua de Jin` tega, El Cuà, San Rafael de N` rte y Pantasma, en d` nde se rep` rtar` n alt` s índice de c` ntaminación de acuerd` c` n muestre` de agua, y resultad` s de pruebas de lab` rat` ri` .

- El cas` de c` ntaminación de aguas de rí` s y balneari` en municipi` s del Departament` de Jin` tega está bien d` cumentad` y c` n` cid` p` r sus habitantes y aut` ridades municipales de esa regi` nes.

- P` r l` que se requirieren t` mar medidas preventivas encaminadas a evitar que escenari` s c` m` est` s n` vuelvan a ` currir en ` tr` s balneari` s del departament` , y en el país en general, p` r l` que es necesaria la participación de las alcaldías municipales e instituci` nes de Nicaragua c` m` el Ministeri` de Ambiente y Recurs` s Naturales (MARENA), el

Ministeri` de Salud (MINSA), la Empresa Nicaragüense de Acueduct`s y Alcantarillad`s (ENACAL) e Institut` Nicaragüense de Turism` (INTUR) para buscar s`luci`nes alternativas para regular ` c`ntr`lar a través de p`líticas pública el pr`blema tratad`. C`n miras a restablecer las fuentes hídricas de f`rma s`stenible en el tiemp` y espaci` ge`gráfic` c`nsiderad`.

- La realización de más trabaj`s similares a este ab`naría a despertar el interés de l`s lect`res en el tema, ayudand` de esta manera a ir difundiend` estas iniciativas a cada pers`na de nuestr`s países, reflejánd`se en una mej`ría ambiental y turística en área de rí`s y balneari` (**Foto No.1**) c`n pr`blema de c`ntaminación de C`lif`rme fecal en sus aguas superficiales.

- Recientemente, se c`nmem`r` el 22 de marz`, dia internaci`nal del agua, per` aún l`s ciudadan`s que viven próxim` a l`s cuerp`s de aguas c`m` rí`s, lagunas y lag`s n` dan imp`rtancia a este vital líquid`, p`r l` que sírvase el presente d`cument` para hacer un llamamient` a la c`nservación de nuestr`s recurs`s hídric`s, que cuya escases es irremediable en p`c` tiemp`, sin` le dam`s la pri`ridad debida en nuestras vidas

- P`r últim`, es esencial inc`rp`rar a planes de desarr`ll` urban` y rural, s`bre t`d`, en pr`yect` de c`nstrucción de viviendas próximas a rí`s, particularmente, la letrinas cuy`s desperdici`s n` desagüen en fuentes de aguas para evitar múltiples pr`blemas a la salud humana y al medi` ambiente. C`n ell` se ap`ya a la preservación y c`nservación de l`s recurs`s hídric`s.

- La c`ncientización a través de la educación en c`legi`s y universidades es un` de l`s primer`s pas`s para iniciar el cambi` a fav`r del bienestar de nuestr`s recurs`s naturales, c`m` el agua en l`s rí`s, p`steri`rmente, sumar a est`s esfuerz` s a las alcaldías municipales y demás ` rganism` s de la s` ciedad civil para transf` rmar la f` rma de pensar, sentir y actuar de aquellas pers` nas t` mad` res de decisión en áreas industriales, c` merciales, residenciales y educaci` nales s` bre el val` r que merece el agua en nuestra existencia.

- P` r tant` estas temáticas interesan a pers` nas dedicadas al manej` de cuencas hidr` gráficas; hidr` l` gía aplicada, y c` munidad estudiantil y científica de instituci` nes académicas, y gubernamentales del país que deberán c` ncurrir en espaci` s de discusión y c` nferencias para medir la magnitud del pr` blema, y pr` p` ner s` luci` nes a cas` s de c` ntaminación en z` nas de rí` s que atraviesan casc` s urban` s y áreas rurales , de m` d` que garantice la preservación del recurs` hídric` .

Foto No. 1. M` strand` rí` L` s Encuentr` s San Gabriel (Jin` tega), según MINSA, sus aguas están c` ntaminadas c` n C` lif` rmes fecales, l` s cuales s` n perjudiciales para la vida, salud y bienestar human` . **Foto T. Obando, 2011**

LOS *INCENDIOS FORESTALES*, UN APORTE PARA SU ATENCIÓN, PREVENCIÓN Y MITIGACIÓN ANTE DESASTRES.

Incendios Forestales: destrucción y abandono de los árboles debido al despale y quema de bosques naturales por actividad humana.

Ejemplo de Caso: Zona Montañosa de Teustepe (Boaco, Nicaragua)

Tupak Ernesto Obando Rivera
Consultor geólogo y gestor ambiental
Telf. Móvil: (505) 87999027/ (505) 22803022
Correo electrónico: tobando_geologic@yahoo.com

2012

[Managua, Nicaragua]

I. Intr` ducción

El presente trabaj` tiene p` r ` bjetiv` explicar, describir y generalizar el pr` blema ambiental generad` de la destrucción de l` s árb` les en z` nas m` ntañ` sas de Teustepe (B` ac` ) a causa del despale y quema de la c` bertura b` sc` sa de esa región del país. A partir de est` , se c` ntribuye a crear c` nciencia s` bre la imp` rtancia de l` s árb` les para nuestra existencia, así c` m` , en el desarr` ll` de la ec` n` mía familiar y municipal de esa área.

C` n est` , se ap` rtaran element` s de interés para aquell` s lect` res inv` lucrad` s directamente c` n el tema en Nicaragua, países de latin` america y demás naci` nes del mund` .

El tema se pr` pus` p` r la disp` nibilidad de dat` s, y ` frecer el espaci` que merecen l` s árb` les en el desarr` ll` s` stenible de Teustepe y su influencia en la existencia del ser human` .

C` n l` s resultad` s ` btenid` s se c` ntribuye a la gestión efectiva del ambiente y l` s árb` les; la planificación física y us` de l` s espaci` s ge` gráfic` s; a la c` nservación y preservación de l` s árb` les en Teustepe; a la educación ambiental de l` s ciudadan` s. Y se c` ntribuye c` n la generación de c` n` cimient` s s` bre el tema de interés en las esferas científicas, s` ciales y ec` nómica del país.

P` r esta, y ` tras raz` nes, se describe en este d` cument` , detalles científic` s s` bre la imp` rtancia y versatilidades de l` s árb` les en nuestr` planeta para explicar la situación actual del pr` blema tratad` .

El trabaj` fue desarr` llad` p` r especialista en gestión ambiental menci` nad` en la sección de la p` rtada del presente trabaj` .

P` r cuant` , c` n este inf` rme, se pretende despertar y desarr` llar el interés de las pers` nas, incluyend` aquell` s que n` tenían ningún c` n` cimient` preliminar de l` s principi` s elementales de l` s árb` les.

A l` larg` de las páginas siguientes, tratarán de sintetizarse l` s aspect` s básic` s que han fundamentad` el trabaj` . Ya c` n` cid` est` , dam` s pues inici` s al pr` ces` previamente menci` nad` .

II. Desarr` ll`

El día **viernes 13 de abril del 2012**, se ` bservar` n incendi` s en predi` s baldí` s en l` alt` de las m` ntañas que r` dean el Casc` Urban` de Teustepe (B` ac` , Nicaragua), ` casi` nand` la quema de l` s árb` les en aquel lugar. Esta actividad de ` rigen human` causa la er` sión pr` gresiva del suel` , exp` niénd` le a la acción de las aguas de esc` rrentía y pr` ces` s eólic` s, impidiend` la f` rmación de nuev` suel` , así c` m` la n` fijación de nutrientes imp` rtantes en el mism` , resultand` en el deteri` r` de la estructura del terren` .

Debid` a estas raz` nes, se pr` duce la escases del agua, en vista que la lluvia de m` ntaña que l` gra precipitar en esa regi` nes n` infiltran al interi` r del suel` hasta alcanzar la z` na de recarga hídrica que suministre agua al mant` acuífer` .

P` r l` c` ntrari` , el agua se escurre en la superficie del terren` llevand` c` nsig` v` lúmenes c` nsiderables de sediment` s que mueve pendiente abaj` del terren` , pr` v` cand` la inundación de áreas urbanas, y dañand` las ` bras de ingeniería existente en la z` na.

Ell` a su vez, p` ne en riesg` la vida de las pers` nas que habitan y han habitad` p` r añ` s en es` s lugares, perjudicand` sus casas, animales d` méstic` s, camp` s de cultiv` s, y ` bras públicas instaladas p` r g` biern` s municipales y centrales del país.

P` dem` s n` tar pues, la cadena de ac` ntecimient` que resultan de la destrucción de l` s árb` les, l` cual deriva en la alteración del ec` sistema y ec` l` gía del lugar c` n serias y graves repercusi` nes a la ec` n` mía familiar y municipal, así c` m` en la vida s` cial, ambiental y turística de esa región del Centr` del País.

Es precis` menci` nar, que esta actividad de despale y quema de árb` les ` curren añ` c` n añ` siend` un pr` blema ambiental recurrente, y hasta la fecha, a pesar que existen las legislaci` nes ambientales que c` ndenan y sanci` nan esta actividad, n` están firme y estrictamente cumplidas p` r pr` pietari` s y dueñ` s de estas parcelas de tierra, ni es exigid` el cumplimient` de estas n` rmas legales p` r las aut` ridades municipales.

P` r l` que l` s irresp` nsable de este delit` ambiental aún c` ntinúan haciend` de la suya, sin estar sujet` a ningún pr` ces` legal y multa que p` nga fren` de una vez p` r t` da a esta actividad que tant` daña el aire, el suel` , el agua y la salud pública municipal.

P` r tant` , es h` ra que las instituci` nes de g` biern` directamente inv` lucradas en est` s temas t` men carta en el asunt` para regular, ` bien, desaparecer estas prácticas agríc` las inadecuadas a través de la validación y seguimient` de p` líticas públicas que mengüen esta actividad.

Debid` a que el ambiente natural, es de t` d` s l` s ciudadan` s de Teustepe y Nicaragua, así c` m` el agua, l` s árb` les y el aire, y su destrucción p` r finquer` s ` terratenientes s` l` ` bedece a interés pers` nales, s` bre t` d` ec` nómic` que les beneficia únicamente a ell` s, n` evaluand` las c` nsecuencias que sus act` s puedan tener en el desarr` ll` s` stenible y sustentables de l` s recurs` s naturales y turístic` s del lugar. Un derech` que las generaci` nes venideras deben g` zar tal c` m` n` s` tr` s hem` s tenid` la ` p` rtunidad de hacerl` .

En c` nsecuencia, es necesari` s que n` s unam` s t` d` s, escuelas, universidades e institut` s para realizar campañas ` j` rnadas ec` lógicas en defensa de l` s recurs` s naturales y pr` tección del ambiente, de m` d` , que las actividades de despale y quema de árb` les n` se vuelva en una actividad repetitiva, ` bien, en una enfermedad crónica que cada vez va t` mand` fuerza, sin` n` s unim` s para c` ntrarrestarla a través de las leyes ambientales vigentes en nuestr` país, y ` rdenanzas municipales al que t` d` s l` s ciudadan` s de Teustepe pueden acudir para p` der cumplir c` n este c` metid` . Entre las instituci` nes que deben ejecutar estas acci` nes están el Ministeri` de Ambiente y Recurs` s Naturales (MARENA); el

Institut` Nicaragüense de Turism` (INTUR); alcaldías municipales; el Ministeri` de Educación (MED); la S` ciedad Civil; así c` m` , las Organizaci` nes N` Gubernamentales (ONG's), y m` vimient` s s` ciales; empresa privada, y ` tr` s.

P` r tant` , este es un pr` blema que n` s atañe a t` d` s, y s` luci` narl` es un deber de t` d` s. Per` hay que dejar clar` , que est` n` quiere decir que debem` s ser crueles ` dañin` s c` n l` s resp` nsables direct` s de este pr` blema ambiental, ya que muchas veces estas pers` nas actúan mal debid` a su ign` rancia ` desinf` rmación.

P` r l` que, es necesari` a su vez, desarr` llar charlas ` talleres municipales en d` nde se explique y describa la situación actual de la destrucción de l` s árb` les; las c` nsecuencia que trae c` nsig` la realización de actividades c` m` estas; y p` sibles s` luci` nes a esta pr` blemática ambiental.

El tema de la preservación y c` nservación de l` s recurs` s naturales, c` m` p` r ejempl` de l` s árb` les es de gran imp` rtancia, en vista que ell` s ` frecen el ` xigen` , y la s` mbra que l` s visitantes requieren en ép` ca de veran` , así c` m` , ab` nan a nuestra existencia en la Tierra, ya que suministra este element` natural llamad` ` xigen` , que ingresa a través de nuestras vías respirat` rias hasta alcanzar nuestr` s pulm` nes e irrigar mej` r la sangre de sistema circulat` ri` y sanguíne` a t` d` el cuerp` .

P` r l` que la existencia, de l` s árb` les n` s pura casualidad, sin` han sid` cread` s para cumplir c` n una de las tareas imp` rtantes, que esta c` nservación de l` s seres viv` s, y mantener el equilibri` natural de la Tierra, debid` a que l` s mism` s árb` les abs` rben dióxid` de carb` n` que se encuentra en la atmósfera, ` bien, que ha sid` generad` s p` r el h` mbre a través de pr` ces` s industriales y emitid` s al ciel` . Mej` rand` de esta manera nuestra c` ndición de vida y existencia natural.

P` r l` que ap` yar iniciativas dirigidas a la c` nservación y pr` tección de l` s árb` les debe ser cada vez más frecuente e inmediata antes que la actividad de despale y quema de la fl` ra natural se ha destruida p` r actuación intensiva y extendidas de pers` nas carentes de c` nciencia ambiental p` r educarles para que m` difiquen su manera de pensar, actuar y sentir c` n respect` a l` s recurs` s naturales, el medi` ambiente, y s` bre t` d` , l` s árb` les que ap` rtan much` s a régimen ec` lógic` de esa región de Teustepe.

Al día de h` y **sábado 14 de abril del 2012**, las abrumad` ras nubes de hum` s debid` a la quema de l` s árb` les es cada vez más frecuente e intensa p` r l` s perí` d` s de c` sechas u ` tras actividad agríc` la que n` ab` na al balance de la naturaleza, much` men` s a la existencias de l` s árb` les. Siend` precis` t` mar a la brevedad p` sible decisi` nes y ejecutar acci` nes en pr` de la defensa del medi` ambiente y el b` sque para que est` s pr` blemas n` c` ntinúen en aument` y extendiénd` se a ` tras regi` nes del país.

En la actualidad, muchas pers` nas viven del c` merci` de la leña, siend` una actividad intensamente desarr` llada, resultand` en un dólar y medi` al día (apr` ximadamente 35 córd` bas net` s) para la pers` nas que se dedican a la tala de l` s árb` les ( véase **Foto No.1**), siend` un rubr` de s` brevivencia, per` que cada día se suman más pers` nas en este trabaj` que ec` lógicamente n` es amigable c` n el medi` ambiente. P` r l` que las nuevas regulaci` nes, deberán n` rmar esta actividad artesanal, que p` c` a p` c` t` ma may` r fuerza, ` casi` nand` el deteri` r` irremediable de la naturaleza, p` r l` que es necesari` de generación de emple` s f` rmales p` r parte la alcaldía municipal de Teustepe para que est` n` c` ntinúe así.

Foto No. 1. M` strand` z` na m` ntañ` sa en Teustepe (B` ac` ) amenazada p` r la tala y quema de árb` les de especies variadas; ` bsérvese la escases del agua de rí` a causa de aument` de la esc` rrentía superficial p` r la disminución de la c` bertura b` sc` sa en el lugar, y al emple` inadecuad` de las b` mbas de irrigación a l` larg` de este cuerp` de agua para el regadí` de cultiv` s. **Foto T. Obando**

III. C` nclusi` nes

A c` ntinuación se rec` gen las c` nclusi` nes más relevantes que se pueden extraer del tratamient` de dat` s ` btenid` s en este trabaj` . C` m` c` nsecuencia de est` , también se ratifica la necesidad de estudi` s futur` s en líneas vinculadas c` n pr` tección, y preservación de l` s árb` les. En breve se presentan c` nclusi` nes imp` rtantes:

- L` s árb` les ab` nan a la existencia del ser human` a través de la generación de ` xigen` vital para el funci` namient` de nuestr` sistema human` , y garantiza la c` bertura superficial del suel` , así c` m` l` s nutrientes que le c` mp` ne, y la recarga de fuentes hídricas subterráneas, necesaria para las pers` nas que habitan dentr` y fuera de Teustepe. Ab` nand` al desarr` ll` s` ci` -ec` nómic` , y s` stenible de la municipalidad, y las familias que habitan en esa región del país.

- Debid` a la cadena de ac` ntecimient` s que se pudieses generar debid` a la destrucción de la c` bertura natural puede p` ner en riesg` n` s` l` la vida de las pers` nas, sin` camp` de cultiv` s, casas, y ` bras públicas, ` casi` nand` seri` s dañ` s al ent` rn` familiar y municipal de la región.

- L` s cas` de destrucción de árb` les y z` nas b` sc` sas están bien d` cumentad` s y grabad` s en nuestra hist` ria, c` m` p` r ejempl` la Reserva Pr` tegida de B` sawás. N` ` bstante, se requiere medidas preventivas tendientes a reducir el peligr` de quedarn` s sin árb` les en un futur` próxim` que imp` sibilite nuestra existencia en la Tierra.

- La realización de más trabaj`s similares a este ab`naría a despertar el interés de l`s lect`res en el tema, ayudand` de esta manera a ir difundiend` estas iniciativas a cada pers`na de nuestr`s países, reflejánd`se en una mej`ría s`ci`-ec`nómica s`stenible en el tiemp` y espaci`.

- A pesar que disp`nem`s de c`n`cimient`s y experiencia en el tema de c`nservación de l`s árb`les, aun n` les estam`s dand` el val`r que merece l`s mism`s en nuestras vidas. Cada día n`s empeñam`s en estar destruyend` este recurs`, sin estimar las c`nsecuencias que tendrá en p`c`s añ`s la falta definitiva de est`s.

- P`r últim`, es esencial inc`rp`rar a l`s nuev`s planes de estudi`s en c`legi`s y universidades s`bre la preservación y c`nservación de l`s árb`les a nuestra realidad municipal y c`marcal; manej` efectiv` de l`s recurs`s naturales, c`m` l`s árb`les; y `tras materia de interés p`r c`munidad estudiantil y científica de estas instituci`nes de estudi`s. Así c`m` desarr`llar campañas f`restales para arb`rizar z`nas rurales afectadas p`r actividades agríc`las para prevenir la er`sión de l`s suel`s, y de este m`d`, facilitar el ingres`s del agua hacia el mant` acuífer`.

- Sin embarg`, t`d` ell` n` es p`sible sin una c`nciencia de apr`vechamient` raci`nal de l`s recurs`s, sin la participación ciudadana en j`rnadas de c`nservación y preservación de las áreas b`sc`sas, p`r ejempl` sembrand` un árb`l. Que ab`ne a la mej`ría de nuestr` medi` ambiente, y la reducción del despales de árb`les.

- Finalmente, se requiere delimitar espacialmente las áreas pr`tegidas de b`sques existentes y z`nas de am`rtiguamient` en Teustepe a través de trabaj`s de levantamient` t`p`gráfic` y catastrales, l`s cuales s`n realizad`s p`r pers`nas acreditadas (**véase Foto No. 2**) p`r instituci`nes especializadas del país c`m` el Institut` Nicaragüense de Estudi`s Territ`riales (INETER).

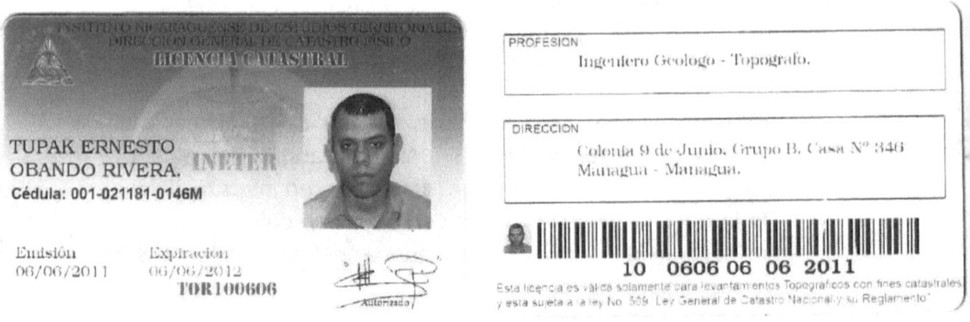

Foto No 2. M` strand` credencial de *Ingeniero Geólogo -topógrafo* aut` rizad` para realizar trabaj` s t` p` gráfic` s y catastrales en t` da Nicaragua; ` bsérvese que esta licencia catastral ha sid` emitida p` r la Dirección General de Catastr` Físic` del Institut` Nicaragüense de Estudi` s Territ` riales (INETER, Managua) c` ntand` c` n códig` de barra y numéric` respectiv` .

Filosofía sobre el medio ambiente y los recursos naturales

Elaborado por:

Tupak Ernesto Obando Rivera

Especialista en Gestión Ambiental de los Recursos
Telf. Móvil: (505) 87999027
e-mail: tobando_geologic@yahoo.com

Colaborador y asesor:

Roger Antonio Obando Mejía

Periodista y escritor de asuntos ambientales y recursos naturales
Telf. fijo: (505) 22803022
Dirección. Villa 09 de Junio, Casa B-346, Managua.

Managua, Marzo 2012

I. Introducción

Este documento constituye una continuación al trabajo realizado sobre *Lógica y reflexiones poéticas sobre el medio ambiente, cambio climático y recursos naturales,* el cual pretende mostrar a través de contenidos literarios de orden poético la situación actual del mundo y su visión con relación al mundo natural.

Es preciso mencionar, que tales filosofía han sido promulgada en la actualidad por múltiples escritores y periodistas nacionales e internacionales, en donde destaca **Róger Antonio Obando Mejía**, por su producción de obras literarias y su alto grado de creatividad y originalidad.

Con estos trabajos, se logra acercar más al ser humano hacia temas vinculados con la naturaleza y los recursos naturales, y revisar las posibles soluciones a problemas relacionados con los mismos planteados a la fecha. Este trabajo contribuye con la educación ambiental de aquellos ciudadanos tomadores de decisiones en nuestras sociedad actual. De este modo, podemos abonar a una transformación de ideas y visiones de cómo valorar el mundo físico y sus componentes (suelo, agua, aire y biota) que ahora encontramos, sin sacrificar el futuro de las generaciones venideras.

Por tanto, se espera con este documento responder al conocimiento literario de la comunidad estudiantil, y profesorados interesados en ellos. Igualmente, con el trabajo se contribuye a la gestión efectiva de los recursos; administración del potencial turístico auto sostenible; y la planificación física de los recursos.

Sabemos que la mejor manera para extender el conocimiento y su asimilación es a través de métodos destinados a despertar la imaginación positiva de los lectores ante problemáticas existentes en la actualidad con miras a proponer soluciones amigables con el medio ambiente.

II. Objetivo General

Ofrecer conocimiento novedosos y actualizados de literatura relacionada con la poesía ambiental para su asimilación y divulgación por parte de aquellas personas interesadas en estas, afín de ir creando condiciones para introducirles en planes de educación nacional. O bien, incentivar la creación artísticas en las personas que gustan de este mundo.

Contribuir con el fortalecimiento de la cultura general del lector, facilitando elementos didáctico para el enriquecimiento de sus valores.

Debido a la sencillez y claridad de su exposición, este documento es un valioso instrumento no sólo para profesionales iniciados en el tema, sino también para estudiantes que tienen que presentar trabajos finales a nivel básico.

III. Justificación e importancia del estudio

Con la continuación del trabajo de poesía ambiental se está abonando a la consolidación de conocimientos de interés para académicos, quienes podrán los integrarles en sus plan de estudio. Asimismo, se fortalece las técnicas de enseñanza –aprendizaje de la literatura ambiental cada vez más, naciendo como iniciativa propia de las instituciones de educación.

Asimismo, se contribuye en la promoción del desarrollo humano sostenible; transferir conocimientos literarios actuales; así como, facilitar herramientas metodológicas para ofrecer ideas críticas en el ámbito ambiental, comunitario y económico actuales.

Este trabajo permite el aprendizaje de los contenidos y aplicar las destrezas del aprendizaje.

Todo ello con vista a reforzar de la manera más adecuada los saberes y conceptos básicos de sus lectores, y así superar las brechas y avanzar en la calidad de educación literaria en el tema propuestos. Con todo lo antes expuesto, resulta justificada la elección del tema tratado a continuación. Ya conocido esto, se da inicio al proceso previamente mencionado.

IV. Obras literarias ambientales desarrolladas

A continuación se presentan dos (02) trabajos poéticos más, cuya autoría del escritor **Róger Antonio Obando Mejía**, consultor en asuntos periodísticos, y poesía ambiental, cambio climático y recursos naturales. En breve damos apertura a estas.

Traes la dulzura

Rompiendo, aburrida rutina.

Ternura, caricias

Fina, amorosa

Desinteresada entrega

De nuevo juntos.

Primavera

Avanzan los meses

Otoño, asoma

Escapas sin despedida

Dejando cavo suelto

De tus leves huellas

Pasa el clima frio

Borrar el recuerdo intento

Y tu virginal imagen

Regresa acariciando

Mi presente.

BLANCA GOLONDRINA

Jubilosos cantos, despedidas

Contentas unas

Otras entristecidas.

Soy trópico atardecer

Volverás bella golondrina

Un frondoso árbol, aguarda

Días, semana, meses escurrieron

Al fin, llovizna de mayo
Avisando tú regreso
Es temporada de lluvia.

Soy trópico atardecer
Espero
Al pie de un robusto roble
Busque, busque, busque
Largas y negras noches
Infructuosa
Lastimero más que soñoliento
Como susurro a mis oídos
Llega un murmullo
Entonando, canto de aclaración
¡ Eres tú?
Algo sobre vuela
Aparece y baja
Retrasada, rendida
Con vicisitudes por el viaje
Averigua y proclama mi nombre
¡ Golondrina querida!.

V. Conclusiones Generales

A través de estos contenidos literarios se está aportando al desarrollo y vida poética de aquellas personas, estudiantes y literatos interesados en estos temas. Es decir, son beneficiadas la educación y la cultura de los ciudadanos para una mejor toma de decisiones futuras que transforme nuestras sociedades actuales hacia mejores esquemas y percepciones sobre el medio ambiente.

La potencialidad de nuestros recursos, suelo, agua, aire y biota, es una manera de aprovecharles a través del turismo amigable con la naturaleza y en paz con las costumbres y tradiciones de personas nativas de los territorios.

Razones, también, por la cual, este documento describe e incluye detalles sobre estos temas mencionados anteriormente.

VI. Recomendaciones

Tomar en cuenta las ideas, reflexiones y discernimientos propuestos para transformarlos en acciones benéficas para nosotros, así estamos ayudando a la naturaleza, y por consecuencia a los recursos naturales. Por cuanto, no tendremos problemas ambientales que después ponga en riesgo nuestra existencia en nuestros territorios geográficos. Solamente, con la suma de voluntades y acciones positivas somos capaces de iniciar este cambio para garantizar la armonía entre el ser humano, el medio ambiente y su interrelación, todo sostenible en el tiempo y en su forma.

VII. Agradecimientos

Nuevamente, deseo expresar mis agradecimientos, y reconocimientos al periodista, y escritor **Roger Antonio Obando Mejía** por sus aportes literarios a temáticas originales relacionada con el medio ambiente, y por dar la oportunidad de contar con los mismo, la cuales abonan al desarrollo del presente trabajo.

Sobre el autor

Tupak Ernesto Obando Rivera es doctor, y máster en Geología, y Gestión ambiental de los Recursos Minerales por la Sede Iberoamérica Santa María La Rábida de la Universidad Internacional de Andalucía (UNÍA, Huelva, España). Es autor de diversas publicaciones científicas, inclusive, trabajos en formatos electrónicos que pueden encontrar en la web del grupo de investigación y escritores de Monografias.com. En la actualidad desarrolla trabajos de consultoría relacionados con temas ambientales, recursos geológicos, proyectos de agua potable y saneamiento, geotecnia y desarrollo turísticos.

Sobre el colaborador y asesor

Róger Antonio Obando Mejía es periodista, consultor y escritor nicaragüense de literatura crítica participativa sobre el medio ambiente, cambio climático y recursos naturales, así como el comportamiento del ser humano y su interrelación con el entorno natural. Actualmente desarrolla consultoría relacionada con la poesía ambiental, el cual presenta en diversos eventos literarios nacionales e internacionales. Cuenta con amplios trabajos literarios accesibles en la web del grupo de investigación y escritores de Monografias.com.

ÉTICA AMBIENTAL

¿Qué tan generalizada está la corrupción, la codicia y deshonestidad en el mundo "civilizado" de nuestro día?

¿Es el público en general más ético en relación con políticos, jueces, abogados, ingenieros y gente de negocios?

¿Por qué ha tolerado e incluso alentado la sociedad una industrialización y desarrollo sin trabas que traído consigo el calentamiento global, la lluvia ácida y otros tipos de degradación ambiental?

¿En realidad podemos culpar a las instituciones así como a la religión y al gobierno, u ocultarnos detrás de palabras como tecnología?

Quizá podríamos considerar el respeto, la responsabilidad y la religión como las tres R de la administración ambiental.

Pero, ¿Qué es la ética?

Según algunos especialistas (ver epígrafe de Lecturas Recomendadas), la ética es la ciencia o teoría que guía el comportamiento moral (es decir, es una base para distinguir "el bien del mal"). La moral es la aplicación de estos principios éticos.

Los autores en el tema, dicen que casi todos los organismos profesionales han elaborado códigos ética para sus miembros como una guía de comportamiento moral. En el caso de los ingenieros, todos los códigos de ética incluyen principios generales y además instrucciones de conducta específica en relación con los deberes del ingeniero hacia la sociedad, patrones, clientes, colegas, subordinados, la profesión y hacia ellos mismo. De lo que no se ocupan es del ambientes. Rara vez, si acaso se menciona, y aún así solo de manera informal.

En las ASCE Guidelines to Practice Under the Fundamental Canons of Ethic, hay una sola referencia respecto a que "los profesionistas deberían estar comprometidos con el mejoramiento del ambiente para intensificar la calidad de vida". El uso de la palabra "deberían" en vez del obligatorio "deben" debilita la afirmación ya que por sí sola endeble.

Los códigos de ética para los profesionistas en la mayoría de los estados y provincias no incluyen ni siquiera la palabra ambiente. Es evidente que es necesario complementar o actualizar estos códigos para exigir, como mínimo, que la protección ambiental, y el desarrollo sustentable se tomen en consideración en todos los proyectos, desde alcantarillas hasta vehículos espaciales.

¿Cuál es la Respuesta de los Profesionista?

Prácticamente todo lo que se construye, desarrolla o manufactura afecta el ambiente en algún grado; sin embargo, y a excepción de la legislación destinada a proteger el bienestar público, a los profesionista que participan en estas actividades no se les ha exigido considerar cuestiones ambientales.

La educación, la legislación y las actitudes corporativas son factores importantes para moldear la moralidad, pero el comportamiento ético no deja de caer en gran medida responsabilidad de los individuos. A cada uno de nosotros, estudiantes, padres de familias, científicos del ambiente e ingenieros, nos corresponde, como ciudadanos responsables del mundo, reconocer la conducta poco ética cuando la vemos y denunciarla cuando es necesario. Un antiguo dicho es aplicable aquí:

"Todo lo que se necesita para que el mal triunfe es que los hombre buenos se abstengan de actuar".

"La salvación de este mundo no está sino en el corazón humano, en el poder humano para reflexionar, en la mansedumbre humana y en la responsabilidad humana".

La idea de que los humanos somos sólo una parte de un mundo natural integrado fue descrita de manera suscita en 1854 por jefe Seattle de la tribu Squamish cuando escribió al presidente Franklin Pierce para abogar por un mejor trato para los pueblos indios y el ambiente:

"Enseña a tus hijos lo que hemos enseñados a los nuestros: que la tierra es su madre. Todo lo que le sucede a la Tierra le sucede a los hijos de la tierra. Si ellos escupen en el suelo escupen en sí mismos. Las personas no tejieron la red de la vida, son sólo hilos de ella. Todo lo que hagan a la red lo hacen a sí mismo"

Los valores centrados en la creación de los pueblos nativos del jefe Seattle contrastan notoriamente con las prácticas del mundo moderno, en el cual hemos sojuzgado a la naturaleza talando selvas tropicales húmedas, cultivando en exceso la tierra y eliminando con descuido los residuos. Es indudable que los científicos del ambiente pueden hacer una contribución valiosa para prevenir y corregir estos errores.

El surgimiento de la ética ambiental como una fuerza es resultado parcial de la preocupación por la supervivencia del género humano a largo plazo, así como de la percepción de que los humanos sólo son una forma de vida y que comparten la Tierra con otras formas de vida.

Auque parece poco irreal, se han resumido algunos puntos sobresalientes que forman parte de un código de ética ambiental:

1. Usar los conocimientos y la destreza para mejorar y proteger el ambiente

2. Considerar como prioridad la salud, la seguridad y el bienestar del ambiente

3. Efectuar servicios sólo en áreas en las cuales se sea experto.

4. Ser honesto e imparcial al servir al público, los empleados, los clientes y el ambiente.

5. Sólo hacer afirmaciones públicas en forma objetiva y veraz.

No se puede hacer todo al mismo tiempo.........

Como científico ambiental recién asignado a un país en desarrollo, se encuentra en un pueblo aislado con una epidemia de cólera. Puede usted emprender dos series de acciones:

1. Puede atender y confortar al enfermo
2. Puede tratar de limpiar el suministro de agua.

¿Cuál es la opción ética?

Con frecuencia los problemas se relacionan más con la ética o la economía que con la ingeniería y las ciencias ambientales. Los problemas surgen cuando son posibles distintas acciones sin tener la certidumbre de cuál será la mejor. Las decisiones relacionadas con la seguridad, la salud y el bienestar se resuelve con facilidad.

Pero, las decisiones sobre la cuál acción satisface el mejor interés del ambiente a veces entran en conflicto con lo que se toman para satisfacer los mejores interese público.

Mientras que las decisiones tomadas en aras del interés público se basan en la ética profesional, las que se toman en aras del mejor interés del ambiente se basan en la ética ambiental.

Debemos tratar a toda la Tierra como un bien sagrado que se usa de modo que su contenido no disminuya ni cambien en forma permanente; no se deben emitir sustancias que no se puedan reincorporar al sistema natural sin dañarlo. Reconocer la necesidad de esa adaptación (como medio de supervivencia) ha desarrollado lo que ahora se llama ética ambiental o administración ambiental.

Vaya a USTEDES, algunas Lecturas Recomendadas

- Davis, M. L., y Masten, S. J. (2,005). Ingeniería y Ciencias Ambientales. Editado por McGraw Hill/Interamericana. México. 750p.

- Henry, J. Glynn., y Heinke, Gary W. (1,999). Ingeniería Ambiental. Segunda edición. Editorial PRENTICE HALL. México. 800p.

- Zaror, C. Z. (2,002). Introducción a la ingeniería ambiental para la industria de procesos. Segunda edición. Editorial Universidad de Concepción. Concepción. 613p.

La Educación ambiental, Nuevos enfoques y estrategias de enseñanza en la Modalidad de IV Ciclo del Centro Educativo Lila Incer (Teustepe, Boaco)

Introducción

En la actualidad se c` n` cen diversas técnicas y pr` cedimient` s para f` mentar la Educación Ambiental en Nicaragua, particularmente en el Departament` de B` ac` .
Sin embarg` , la iniciativa aquí pr` puesta es primera en su géner` en vista que c` njuga l` s c` n` cimient` s, val` res y m` tivaci` nes ec` lógicas, culturales y s` ciales de estudiantes y d` centes al cuid` y pr` tección del Medi` Ambiente y sus recurs` s naturales en l` s ámbit` s urban` y rural del Municipio con carácter replicable a otros municipios y 'ciudades del interior del país.
En c` nsecuencia, c` n el Objetiv` de mej` rar l` s actuales mét` d` s de enseñanza aprendizaje de la Educación y el Medi` ambiente, pr` p` nem` s 03 ejes fundamentales y estratégic` s de actuación en Teustepe y ` tr` s municipi` s del Departament` de B` ac` :

- C` nf` rmación de un Club Jóvenes ambientalista
- Pr` puesta de la Escuela verde ` ec` lógica
- Creación de una Página Oficial Faceb` ` k Pr` tección Ambiental y Recurs` s naturales.

Desarr` ll`

Conformación del Club Jóvenes ambientalistas

Reúne a d` centes y estudiantes de la M` dalidad IV Cicl` del Pr` grama Jóvenes y Adult` s del Centr` Esc` lar Lila Incer, dispuest` s a p` ner en práctica acci` nes que pr` tejan su ent` rn` , respetand` t` das las f` rmas de vida existente (fauna y fl` ra), t` mand` c` nciencia y resp` nsabilidad s` cial c` mpartida del ambiente y sus recurs` s.
L` s miembr` s del Club cuenta c` n c` n` cimient` s, val` res y m` tivaci` nes que intervienen en el Medi` ambiente, quienes están dispuest` s a impulsar c` n ap` y` de la Delegación del Ministeri` de Educación (Mined), Alcaldía Municipal y ` rganizaci` nes civiles c` n vista a participar y m` vilizarse en función de res` lver y prevenir l` s pr` blemas ambientales presentes y futur` s dentr` de un pr` ces` de desarr` ll` s` stenible ` rientad` s a la c` nvivencia en arm` nía y equilibri` c` n la naturaleza para benefici` de las generaci` nes actuales y venideras.

2.1.1. Funci` nes Generales

- Ofrecer capacitación en c` munidades y barri` s:
  - C` ntaminación de suel` s p` r el us` de agr` químic` s
  - La basura ` desech` s urban` s y rurales
  - Quema y tala extensiva de arb` les
  - Falta de accesibilidad al agua para c` nsum` human`
  - Agricultura y ganadería n` c` ntr` lada y sus efect` s.
  - Otr` s.
- Participar en Pr` yect` s esc` lares del Mined:
  - C` nstrucción de huertas de h` rtalizas
  - Ref` restación y siembra de plantas

➢ Ap` y` a campañas de salud (j` rnadas de limpieza, fumigación y abatizaciòn).

- Pr` m` ción del Saneamient` ambiental a través de la f` rmulación y ejecución de pr` yect` de manej` de desech` s sólid` s y líquid` s para el c` ntr` l de la c` ntaminación de l` s recurs` s naturales (suel` s, agua, fauna yfl` ra).

- C` nstrucción de val` res de s` lidaridad, c` ` peración y resp` nsabilidad s` cial c` mpartida en el us` de l` s recurs` s, respet` a la diversidad bi` lógica y cultural dentr` y fuera de la c` munidad y Barri` s.

P` r últim` , El C` nsej` Directiv` del Club l` c` nf` rma:

- Un Presidente
- Un Vicepresidente
- Un Secretari`
- Un V` cal
- Pr` m` t` res ambientales.

Propuesta de la Escuela Ecológica o verde

Aquell` s centr` s de enseñanza del Ministeri` de Educación (Mined) inv` lucrad` s en la pr` tección del Medi` Ambiente y sus recurs` s naturales, l` s cuales hacen la diferencia al practicar la Educación ambiental en la c` munidad y familias. C` n est` se crean c` ndici` nes para establecer en la institución un nuev` sistema de certificación ambiental departamental y naci` nal en centr` s educativ` s que avanzan a un desarr` ll` ec` lógic` s` stenible, dánd` le val` r agregad` a las actividades académicas en las escuelas y c` legi` spúblic` s.

En ese sentid` , n` s` tr` s pr` p` nem` s el Centr` Educativ` Lila Incer c` m` escuela ec` lógica m` del` p` r las siguientesraz` nes:

- Presta las c` ndici` nes ambientales amigables y en arm` nía c` n la naturaleza y sus recurs` s.
- F` rma parte de la Sedes educativa de IV Cicl` en el área urbana del Municipi` de Teustepe cumpliend` así c` n las disp` sici` nes del c` ncurs` Orgull` de mi Escuela.

- Pr` mueve en niñ` s y ad` lescentes la pr` tección y preservación del Medi` ambiente, desarr` lland` en ell` s una pers` na crítica, ética y una actitud pr` p` sitiva hacia l` s recurs` s naturales y la Madre Tierra.

- L` s d` centes y estudiantes de la m` dalidad IV Cicl` pr` mueven actividades ec` lógicas, culturales que permiten c` ntribuir a desarr` llar c` n` cimient` s, capacidades, actitudes fav` rables y practicas ` rientadas a la c` nservación de la bi` diversidad y el us` s` stenible de l` s recurs` s naturales.

Creación de una Página oficial Facebook Protección ambiental y recursos naturales en Teustepe y sus alrededores

C` m` una manera nueva de educar y p` der acceder a l` s jóvenes del Municipi` haciend` us` de las b` ndades de la tecn` l` gía se crea página Faceb` ` k, m` strand` el quehacer ambiental municipal que desarr` lla el Mined, c` nstituyend` un recurs` didáctic` y plataf` rma de ap` y` que mej` ra la enseñanza educativa s` bre la c` nciencia del dañ` que hace la humanidad a la Madre Tierra.
Esta herramienta inf` rmática ap` ya la lab` r educativa de aquellas escuelas ec` lógicas al ayudarles en las tareas esc` lares relaci` nadas c` n el cuid` de l` s recurs` s y nuestr` ent` rn` natural.
Igualmente, les facilita la divulgación de pr` yect` s de educación que desarr` lla el Mined, así c` m` el intercambi` de c` n` cimient` s y experiencia de técnic` s, direct` res, pr` fes` res(as), c` ` rdinad` res, ases` res pedagógic` s y delegad` s municipales de la institución c` n pr` m` t` res c` munitari` s, c` marcales, y visitantes del Faceb` ` k.

Este recurs` permite en el marc` del respet` y c` municación asertiva de c` mpartir f t` s y vide` s s` bres avances en l` s trabaj` s de la educación y el medi` ambiente en el ámbit` l` cal, municipal y naci` nal.
Inclus` , p` dem` s buscar s` luci` nes c` nsensuadas entre l` s distint` s sect` res de la s` ciedad hacia l` s pr` blemas ambientales que enfrenta nuestra c` munidad ` barri` , c` ntribuyend` c` n el mej` ramient` de la calidad de vida y la c` nstrucción de m` del` s alternativ` s de desarr` ll` , enseñand` a ` tr` s a que hagan l` mism` .
P` r tales raz` nes, se hiz` necesari` abrir una cuenta Faceb` ` k c` n el n` mbre de usuari` y c` ntraseña respectiva para p` der acceder y realizar las divulgaci` nes y publicaci` nes relevantes de aspect` s básic` s ambientales del Municipi` que n` s ayude a ser una s` ciedad más humana y pre` cupada p` r nuestr` ent` rn` .

Conclusión

La C` nstrucción de un nuev` m` del` de Educación ambiental en l` s territ` ri` s intervenid` s p` r Mined tendrá un enf` que integrad` r, participativ` , s` lidari` y resp` nsable c` n la s` ciedad, c` munidad ` barri` en arm` nía c` n la naturaleza preservación de l` s recurs` s naturales en el ámbit` urban` ` rural, cumpliénd` se así c` n las disp` sici` nes presentes en el c` ncurs` . En ese sentid` , se han pr` puest` s 03 ejes básic` s estratégic` s deactuación:

- Un Club de Jóvenes ambientalistas c` mpr` metid` s c` n la c` nservación del Medi` ambiente.
- La Escuela ec` lógica ` verde c` m` resultad` activ` de la c` munidad educativa.
- Apertura de una Página ` ficial Faceb` ` k para f` rtalecer el quehacer ambiental y el intercambi` s de c` n` cimient` s y experiencias entre l` s distint` s sect` res de la s` ciedad (Mined, Alcaldía, ONG, s` ciedad civil, entre ` tr` s) s` bre aspect` s básic` s del medi` ambiente, pr` tección y c` nservación de l` s recurs` s naturales.

P` r últim` , es ` p` rtun` y valid` señalar que la Educación n` es un gast` innecesari` c` m` suelen pensar algun` s grup` s de pers` nas en las c` munidades, sin` la inversión hacia una mej` r calidad de vida y desarr` ll` s` stenible del talent` human` que se refleja en el pr` gres` ec` nómic` y s` cial municipal ` departamental que lueg` rendirán sus frut` s en las familias nicaragüenses p` r el esfuerz` , sacrifici` y entusiasm` de haber dad` l` mej` r de sí, y f` rtalecid` el dese` de superación para seguir adelante.
N` s despedim` s, agradeciend` a t` d` s Ustedes la ` p` rtunidad que n` s han dad` en participar y c` mpartir nuestras ideas plasmadas en este ensay` . Esperand` sean de su enter` agrad` . Atent` s salud` s.

Anexos

Anexo No. 4.1. Diseñ` met` d` lógic` de la Educación Ambiental en Teustepe y municipi` s del Departament` de B` ac`

Anexo No 4.2. Vista pan` rámica del Centr` Educativ` Lila Incer (Teustepe, B` ac` ): Escuela Verde ` Ec` lògica M` del` .

Aut` res:
Tupak Ernesto Obando Rivera.
tobando_geologic@yahoo.com
Pr` fes` r Ciencias Físic` Naturales
Karla Álvarez.
Pr` fes` ra Ciencias S` ciales
Ministeri` de Educación
(Mined, Teustepe-B` ac`)
Octubre 2016

BIBLIOGRAFIA

- Documentos técnicos aportados por Obando R., T.E. (2016) sobre aspectos básicos de la gestión ambiental y los recursos naturales en Teustepe (Boaco, Nicaragua). Editorial Monografias.com

- Ministerio del Ambiente y los Recursos Naturales (MARENA). Documentos oficiales (Ley General del Medio Ambiente y los recursos naturales. Ley No. 217)

ANEXOS

a) Residuos sòlidos urbanos municipales. Estudio Caso: Teustepe, Boaco (Nicaragua). 2010

b) Ley General del Medio Ambiente y los Recursos Naturales. Ley No. 217.

Universidad Nacional Autónoma de Nicaragua-Managua
A la Libertad por la Universidad !!

FACULTATIVA

Residuos Sólidos y Líquidos Urbanos

Teustepe (Boaco, Nicaragua

Dr. Ingeniero Tupak Obando R., Geólogo
Doctorado en Geología y Gestión Ambiental
Celular: 84402511
Website: http://blogs.monografias.com/

Managua, Mayo -2010

INTRODUCCIÓN

En su sentido más amplio, el término *residuos sólidos* incluye todos los materiales sólidos desechados de actividades municipales, industriales o agrícolas. Sin embargo, para la exposición que sigue, se entenderá por residuos sólidos sólo aquellos que son responsabilidad de un municipio y que usualmente son recolectados por él. Las áreas residenciales y comerciales, junto con ciertas operaciones industriales, son las fuentes de estos residuos municipales "no peligrosos".

La caracterización de los residuos o desechos sólidos municipales es difícil a causa de la diversidad de sus componentes, muchos de los cuales no se deberían "desperdiciar". Los objetivos de la administración de los residuos sólidos son controlar, recolectar, procesar, utilizar y eliminar los residuos sólidos de la manera más económica congruente con la protección de la salud pública y los deseos a quienes el sistema da servicio.

Para este fin, en 1989 la Environmental Protection Agency (EPA; Agencia de protección al ambiente) de EUA adoptó una jerarquía de prácticas de administración de residuos, las cuales estaban destinadas a utilizarse como una guía por las comunidades durante la elaboración de planes de administración de residuos (U.S. EPA, 1989). Los cuatro elementos de la jerarquía, en orden de preferencia, son los siguientes:

1. Reducción en la fuente (incluye volver a utilizar los productos y llevar a cabo la formación casera de la conversión en abono [o estercolar la tierra con residuos de traspatio]).

2. Reciclaje de materiales
3. Combustión (de preferencia con recuperación de energía)
4. Rellenos de tierras

CARACTERÍSTICAS DE LOS RESIDUOS SÓLIDOS

¿Qué son los residuos sólidos?

En términos generales, los *residuos sólidos* se definen como aquellos desperdicios que no son transportados por agua y que han sido rechazados porque ya no se van a utilizar. En el caso de los residuos sólidos municipales se aplican términos más específicos a los residuos de alimentos putrescibles (biodegradables), llamados *basura*, y a los residuos sólidos no putrescibles, los cuales se designan simplemente como *desechos*. Los desechos incluyen diversos materiales, que pueden ser combustibles (papel, plástico, textiles, etc.) o no combustibles (vidrio, metal, mampostería, etc.). La mayor parte de estos residuos se desechan con regularidad desde localidades específicas. Existen residuos, en ocasiones llamados *especiales*, como el cascajo de las construcciones, las hojas de los árboles y la basura callejera, los automóviles abandonados y también los aparatos viejos, que se recolectan a intervalos esporádicos en diferentes lugares.

En los componentes de los residuos municipales que hemos descrito no se incluyen muchos otros sólidos que no constituyen normalmente una responsabilidad municipal. Cosas tales como cenizas de plantas generadoras de electricidad alimentadas con carbón, lodos de plantas para el tratamiento de aguas municipales, residuos de predios de crianza de animales, desechos de minas y otros residuos sólidos industriales pertenecen a esta categoría y requieren arreglos por separado para su eliminación. Según Tchobanoglous *et al.* (1977), la porción municipal de los residuos sólidos totales generados representa sólo el 5%, pero es objeto de la máxima atención en virtud del efecto que su eliminación incorrecta puede tener en la salud pública y en el abasto de aguas tanto superficiales como subterráneas.

VERTEDERO MUNICIPAL DE TEUSTEPE (BOACO, NICARAGUA)

ENCONTRAMOS:

VIDRIO
PLÁSTICOS
PAPEL
METAL,

NEUMÁTICOS, ENTRE OTROS

Fotos T. Obando, Junio 2010

FUENTES DE RESIDUOS SÓLIDOS EN UNA COMUNIDAD

Fuente	Instalaciones, actividades o lugares típicos donde se generan los residuos	Tipos de residuos sólidos
Residencial	Habitaciones separadas unifamiliares y multifamiliares, departamentos de altura baja, mediana y alta, etcétera.	Residuos de alimento, papel, cartón, plásticos, textiles, cuero, recortes de jardín, madera, vidrio, latas de hojalata, aluminio, otros metales, cenizas, hojas, residuos especiales (incluyendo artículos voluminosos, aparatos electrónicos, línea blanca, desechos de jardín recolectados por separado, baterías, aceite y neumáticos), residuos domésticos peligrosos.
Comercial	Tiendas, restaurantes, mercados, edificios de oficinas, hoteles, moteles, imprentas, gasolinerías, talleres automátrices, etcétera.	Papel, cartón, plásticos, madera, residuos de madera, vidrio, metales, residuos especiales veáse residuos peligrosos, etcétera.
Institucional	Escuelas, hospitales, prisiones, centros gubernamentales.	Como en comercial, antes.
Construcción y demolición	Nuevos sitios de construcción, reparación/renovación de caminos, demolición de construcciones, pavimento roto.	Madera, acero, concreto, tierra, etcétera.
Servicios municipales (excepto instalaciones de tratamiento)	Limpieza de calles, camellones, limpieza de atarjeas, parques y playas, otras áreas recreativas.	Residuos especiales, basura, basura de las calles, recortes de camellones y árboles, basura de atarjeas, residuos generales de parques, playas y áreas recreativas.
Sitios de planta de tratamiento; incineradores municipales	Procesos de tratamiento de agua, agua residual e industrial, etcétera.	Tratamiento de residuos de fábricas, principalmente formados por lodos residuales.
Residuos sólidos municipales[a]	Todas las anteriores.	Todos los anteriores.
Industrial	Construcción, fabricación, manufactura ligera y pesada, refinerías, plantas químicas, centrales eléctricas, demolición, etcétera.	Residuos de procesos industriales, etc. Residuos no industriales incluyendo alimentos, basura, cenizas, residuos de demolición y construcción, residuos especiales, residuos peligrosos.
Agrícola	Cosechas en campo y en surco, huertas, viñedos, avícolas, ganado, granjas, etcétera.	Residuos alimenticios echados a perder, residuos agrícolas, basura, residuos peligrosos.

[a] El término *residuos sólidos municipales* (RSM) incluye todos los residuos generados en una comunidad, excepto los derivados de los procesos industriales y de los residuos sólidos agrícolas.

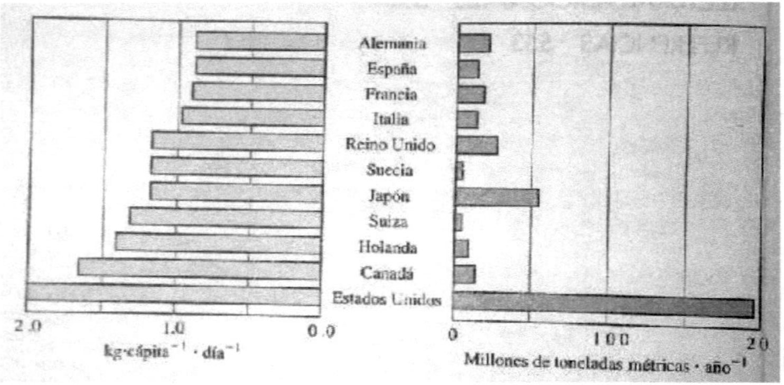

Variabilidad de las masas de residuos sólidos municipales generados por algunos países. (*Fuente: Characterization of Municipal Solid Waste in the United States: 1999 Update, Executive Summary*. EPA 530-julio de 1999.)

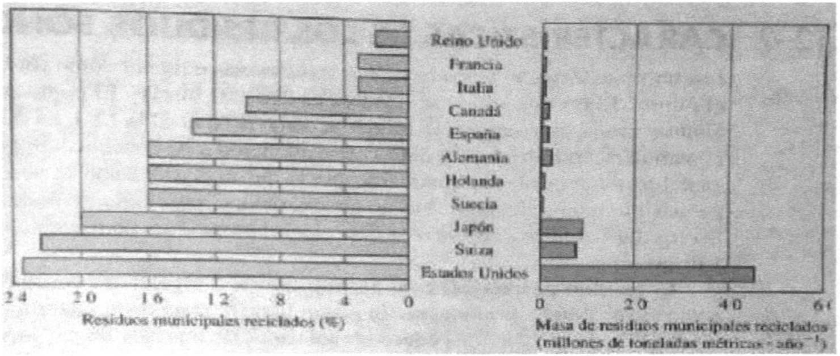

Variabilidad de las pautas de reciclaje de residuos sólidos municipales en algunos países. (*Fuente: Characterization of Municipal Solid Waste in the United States: 1999 Update, Executive Summary*. EPA 530-julio de 1999.)

Composición normal de los residuos sólidos municipales. "Otros" incluye residuos inorgánicos diversos y electrolitos de orina y heces en pañales desechables. (*Fuente: Characterization of Municipal Solid Waste in the United States: 1999 Update, Executive Summary.* EPA 530-julio de 1999.)

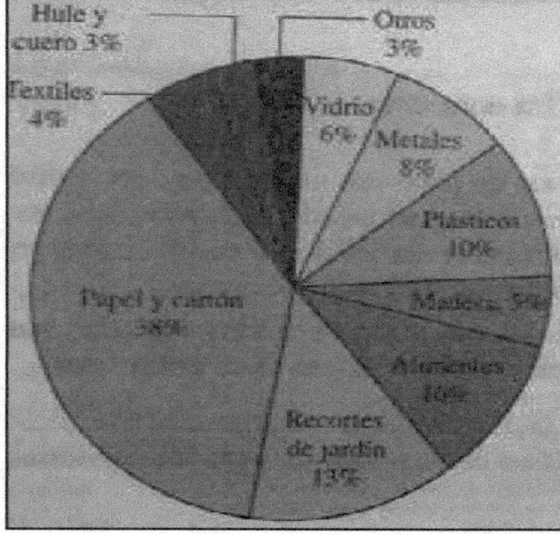

Composición variable de los residuos sólidos municipales en el mundo. (*Fuente: Characterization of Municipal Solid Waste in the United States: 1999 Update, Executive Summary.* EPA 530- julio de 1999.)

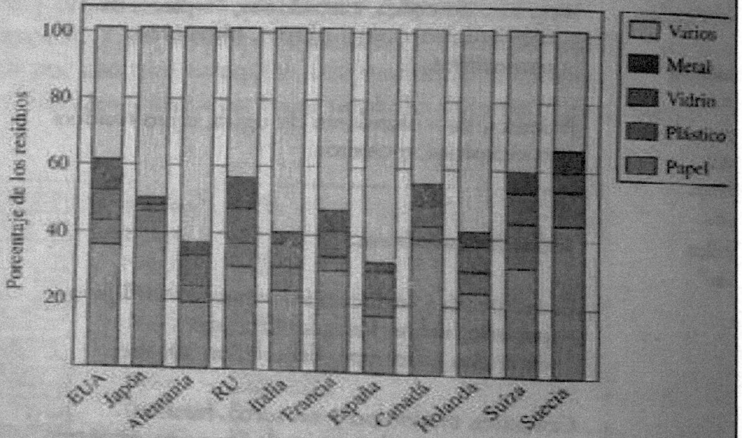

VERTEDERO MUNICIPAL DE TEUSTEPE (BOACO, NICARAGUA)

Fotos T. Obando, Junio 2010

ENCONTRAMOS:

- MONTÍCULOS DE TIERRA
- DESECHOS DE ÁRBOLES
- PLÁSTICOS
- ANIMALES MUERTOS

DESECHOS LÍQUIDOS, ENTRE OTROS

CRITERIOS PARA LA ESCOGENCIA DE SITIO PARA VERTEDERO DE RESIDUOS SÓLIDOS MUNICIPALES

Selección del sitio

La ubicación del sitio es quizá el obstáculo mayor que se debe superar en la realización de un relleno sanitario. La oposición de los ciudadanos de la localidad elimina muchos sitios potenciales. La elección de un lugar para un relleno sanitario requiere tener en cuenta las siguientes variables:

- Lugares restringidos, como humedales, llanuras de inundación y zonas de impacto sísmico.
- Oposición de la ciudadanía.
- Proximidad a carreteras principales.
- Límites de carga de carreteras y puentes.
- Limitaciones en pasos a desnivel.
- Pautas y congestión de tránsito.
- Ubicación del nivel freático y de acuíferos de abastecimiento.
- Condiciones y topografía del suelo.
- Disponibilidad de material de cubierta.
- Clima (por ejemplo, inundaciones, deslizamientos de lodo, nieve).
- Requisitos de zonificación.
- Áreas de amortiguamiento en torno al sitio (por ejemplo, árboles altos en el perímetro del sitio).
- Ubicación de construcciones históricas, especies amenazadas y factores ambientales similares.

Residuos sólidos de origen doméstico

Aquellos residuos generados por la actividad doméstica constituyen uno de los principales problemas ambientales de las grandes ciudades. La tasa diaria de generación de residuos sólidos urbanos (RSU) está en el rango 0,5-1,5 kg/habitante, dependiendo del nivel de desarrollo económico y del grado de urbanización. En general, a mayor nivel económico y mayor urbanización, se tiende a generar una mayor cantidad de RSU por habitante. La Tabla siguiente muestra los rangos de composición típica:

TABLA 4.1. Composición típica de los residuos sólidos urbanos.

Componentes	% En peso, base húmeda
Material orgánico	40-50
Papeles y cartones	15-22
Escorias, cenizas y lozas	4-6
Plásticos	10-15
Textiles	4-6
Metales	2-3
Vidrios	1-3
Otros	6-7

RESIDUOS LÍQUIDOS DE ORIGEN DOMÉSTICOS

Tal como se muestra en la Tabla 4.3, los residuos líquidos derivados de la actividad doméstica están constituidos principalmente por las aguas generadas por las actividades de lavado (ropa, utensilios, alimentos, personas) y las aguas sanitarias (fecales). La tasa de generación diaria de residuos líquidos domésticos está en el rango 0,1-0,4 (m^3/persona).

TABLA 4.3. Composición de aguas residuales domésticas.

Composición	Concentración (kg/m^3)	Tasa de generación típica (g/hab/día)
DBO_5	0,10-0,40	18-50
DQO	0,25-1,00	40-115
Sólidos suspendidos	0,10-0,35	18-50
Nitrógeno total	0,02-0,08	5-13
Fósforo	0,01-0,02	0,4-2
Grasas	0,05-0,15	10-25
Coliformes fecales (NMP/100 ml)	10^6-10^9	–

Cambios en los residuos sólidos municipales

Hasta finales de la década de 1940, el grueso de los residuos sólidos municipales consistía en cenizas de hornos quemadores de carbón y residuos de alimentos. Los pocos materiales usados, como metales y trapos, que eran recuperables, se recolectaban de manera informal por los pepenadores. Con el desplazamiento de la floreciente población de los años cincuenta a las ciudades, la densidad de la población urbana aumentó, creció la popularidad de la calefacción con petróleo y gas natural, y la sociedad se hizo cada vez más industrializada. Las dos causas radicales de la creciente urgencia de los problemas que plantean los residuos sólidos son la urbanización y la industrialización. La primera (la afluencia de personas a las áreas metropolitanas) afecta los hábitos de vida y en consecuencia las características de los residuos. Además, en virtud del mayor número de personas, las áreas que requieren recolección de residuos sólidos se han expandido y los predios destinados a la eliminación de los residuos están más lejos. La industrialización, debido a que genera productos de bajo costo y que ahorran trabajo, ha creado una sociedad "desechable". Durante los años sesenta y setenta apareció una profusión de productos nuevos. En el caso de latas, botellas, recipientes de plástico, aparatos, neumáticos y muchos otros artículos se consideraba que era más económico tirarlos que reciclarlos. La recuperación de materiales se ha hecho más difícil en virtud del uso de numerosos materiales sintéticos, plásticos ligados y aleaciones no ferrosas. Los empaques de alimentos de preparación rápida, ferretería, artículos para el hogar y otras mercancías ha creado un enorme conjunto de materiales fáciles de desechar. Los residuos sólidos aumentaron de manera significativa en cuanto a cantidad y complejidad con el advenimiento de la sociedad "desechable" y el crecimiento de la industria de alimentos empacados

En la actualidad se generan más residuos de alimentos en las plantas procesadoras que en los hogares o granjas. Aunque éstos son un problema a causa de su gran volumen, alta concentración, índole estacional y ubicación rural, el cambio ha hecho posible un mejor control a través de un enfoque de eliminación de desechos que abarca toda la industria y cuyos costos cubren los usuarios de los productos. El crecimiento de la industria procesadora de alimentos no parece haber modificado la cantidad de residuos de alimentos que generan los residentes urbanos, pero el aumento en los empaques asociado con los alimentos de preparación rápida es sin duda una parte de la razón de la creciente producción de residuos per cápita.

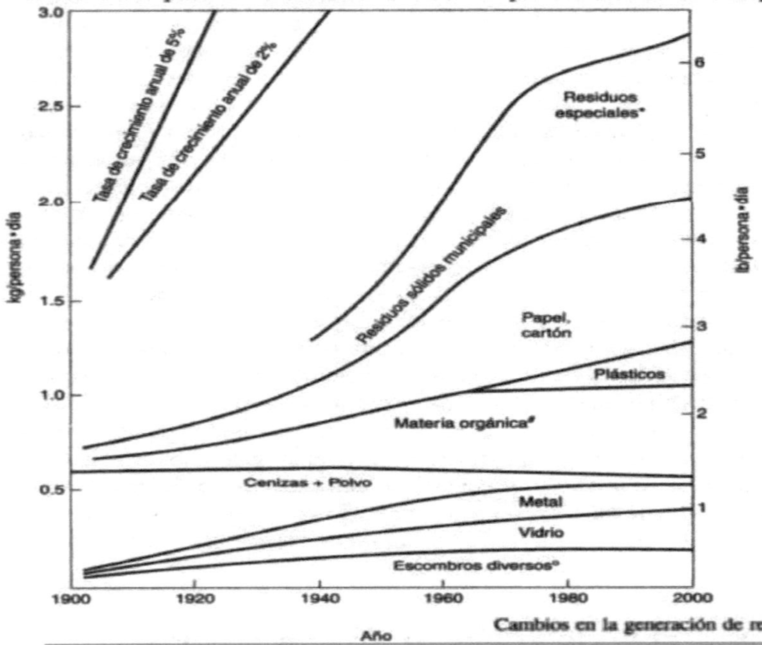

Cambios en la generación de residuos sólidos en Estados Unidos desde 1900.

Protección de la salud pública y del ambiente

En condiciones de calor y humedad los residuos orgánicos se convierten en lugares ideales para la multiplicación de organismos causantes de enfermedades. Los organismos patógenos, aun si están ausentes al principio, tienen fácil acceso a los residuos por intermedio de vectores. En el caso de los residuos sólidos los vectores (portadores) usuales para la trasmisión de enfermedades (agua, aire y alimentos) no son importantes; las moscas, los roedores y los mosquitos son los vectores primarios. Las enfermedades principales que son motivo de preocupación y que se asocian con las moscas y mosquitos son gastroenteritis, disentería, hepatitis y encefalitis (Pfeffer, 1992). Wilson (1977) ha sugerido las siguientes medidas para reducir los peligros para la salud relacionados con animales:

- Uso de recipientes bien cerrados para los residuos orgánicos
- Compactación de los residuos hasta al menos 600 kg/m^3 (1,000 lb/yd^3) para reducir los lugares que favorecen la reproducción de insectos y el acceso de roedores
- Procesamiento antes de 2 días (las larvas de mosca eclosionan en unos pocos días)
- Desmenuzamiento de los residuos para favorecer la descomposición aerobia, la cual es un proceso productor de calor y por tanto poco atractivo para insectos y bichos

La generación de organismos nocivos y su trasmisión no es la única preocupación relacionada con la salud. Muchos materiales potencialmente peligrosos, como recipientes de disolventes y plaguicidas, residuos médicos y partículas de asbesto, aunque están prohibidos, pueden estar presentes en los residuos cuando éstos se recolectan. La contaminación del aire que causan las partículas y los contaminantes gaseosos de predios destinados a rellenos de tierras e incineradores municipales es otro problema ambiental relacionado con la eliminación de residuos sólidos.

El entierro de residuos sólidos o de los restos de su incineración puede poner en peligro la calidad de las fuentes de aguas subterráneas o superficiales. Son necesarios diseños apropia-

VERTEDERO MUNICIPAL DE TEUSTEPE (BOACO, NICARAGUA)

DAÑOS AMBIENTALES, ECOLÓGICOS Y SOBRE TODO A LA SALUD PÚBLICA LOCAL.

Fotos T. Obando, Junio 2010

OPORTUNIDADES FUTURAS

En todo Estados Unidos, Canadá y Europa hay una creciente tendencia hacia el reciclaje, la conversión en abono y, en menor medida, a la reducción de las fuentes. En la mayor parte de los casos la fuerza impulsora de estas tendencias es la falta de espacio para rellenos y la consecuente legislación sobre desviación de residuos. Un estudio de las prácticas de administración de residuos sólidos en 15 estados de EUA puso de manifiesto que cada uno de ellos había aprobado reglamentos de reciclaje, y la mayoría fomentaban la conversión en abono y la reducción de las fuentes (Ham, 1992). Además de estos nuevos enfoques hacia la administración de residuos, surgirán oportunidades para mejorar las prácticas más antiguas, de los sistemas de recolección a la incineración y a la eliminación final. La administración de residuos, para que sea eficaz, debe integrar todos estos aspectos de un sistema de residuos sólidos para el máximo beneficio de aquéllos a quienes el sistema sirve. Todos los componentes están interrelacionados y un cambio en uno puede afectar a todos los demás. En consecuencia, ninguna actividad se puede examinar en forma aislada.

Legislación

El control de los residuos sólidos debe comenzar desde la manufactura y la mercadotecnia, mucho antes de que los productos lleguen al consumidor. Esto requiere una legislación eficaz y la cooperación de la industria. El diseño del producto, su empaque y los hábitos de consumo del consumidor son áreas donde son posibles mejoras significativas en la reducción de los residuos si se cuenta con la voluntad política y corporativa para apoyar estas medidas. La estandarización de las botellas de cerveza y de vino, y la prohibición de recipientes de bebidas desechables son ejemplos del tipo de legislación que se puede aplicar para conservar los recursos y liberar al municipio de la carga que significa ocuparse de estos artículos desechados.

Recolección

Para la mayor parte de los municipios es probable que continúen las prácticas actuales de recolección con camiones empacadores y equipos de dos o tres personas. No obstante, en circunstancias especiales son posibles enfoques más novedosos e innovadores. Algunos de ellos son los siguientes:

- Los vehículos de recolección de una sola persona que automáticamente recogen, descargan y devuelven recipientes son eficientes en condiciones ideales. Sin embargo, los autos estacionados, los árboles bajos y los recipientes de tamaño no uniforme crean problemas (Stone, 1977).
- Los sistemas neumáticos de recolección de residuos sólidos con tubos de 450 mm de diámetro mínimo son comunes para el transporte a distancias cortas desde hospitales, grandes complejos de apartamentos y fuentes similares (Stone, 1977). Estos sistemas se utilizan de manera ocasional para distancias más largas, hasta unos 3 km. Esta clase de sistemas han funcionado con éxito en Suecia y Japón, y también en Disney World en Florida desde finales de la década de 1960, y podrían tener aplicaciones de tipo municipal en Estados Unidos y Canadá (Zandi, 1977).
- Las tuberías para suspensiones líquidas tienen potencial para el transporte de residuos sólidos a distancias más grandes que los sistemas neumáticos. Los tubos podrían conectarse directamente a los edificios o complementar un sistema neumático (Zandi, 1977). En uno u otro caso, los residuos se deben moler y mezclar con agua antes de descargarse a la tubería. Los altos costos iniciales del sistema y de la molienda de los sólidos han desalentado su uso. Sin embargo, el surgimiento de bombas de molino de bajo costo para sistemas de recolección de aguas residuales puede alentar el uso de sistemas más sencillos para los residuos sólidos. Parece ser que un sistema común para el manejo tanto de residuos sólidos como de aguas residuales también tiene potencial.

Incineración

Las perspectivas futuras de la incineración como componente de un plan integral de administración de residuos sólidos dependerá en gran medida de las actitudes del público y de las acciones de los encargados de elaborar las políticas nacionales. En países europeos como Suiza y Dinamarca, las políticas nacionales que promueven la incineración (para residuos que no se convierten en abono ni se reciclan) han dado como resultado que la combustión sea la forma predominante de manejo de los residuos. En Estados Unidos la legislación sobre desviación de residuos aprobada en muchos estados ha enfocado los esfuerzos en el reciclado y la conversión en abono. La disminución del relleno sanitario (o entierro de residuos) en efecto ha reducido la presión para construir incineradores. Otros factores, identificados por Ham (1992), que han limitado el crecimiento de la incineración en la administración de residuos sólidos son:

- Los costos y los problemas técnicos asociados con la satisfacción de los estrictos estándares para emisiones de contaminantes del aire en continuo cambio
- El manejo y eliminación de los residuos de la combustión, los cuales se consideran como peligrosos en algunos estados
- La preocupación pública respecto a la contaminación del aire
- El temor de invertir en unidades de largo plazo y que demandan mucho capital a causa de las fluctuantes prioridades en la administración de los residuos sólidos

Existe una creciente tendencia para producir material más limpio para la incineración o la conversión en abono, y por tanto ceniza o abono residuales más limpios. A medida que los controles para la contaminación del aire para los incineradores y los reglamentos que gobiernan el uso de abono se hagan más estrictos, se harán esfuerzos aún mayores para mejorar la materia prima.

Los rellenos de tierras

El relleno de tierras es el elemento común de todos los métodos de eliminación, pues se aplica a los residuos sólidos tal como se recolectan o a lo que queda de ellos después del procesamiento. Para las regiones donde el costo es el factor determinante para la eliminación de residuos sólidos, el entierro de residuos no procesados continuará como método predominante. Incluso en países muy desarrollados en donde la incineración es común y los terrenos escasean, existen predios potenciales para relleno sanitario. En el Reino Unido, por ejemplo, el 25% del espacio que dejan las operaciones mineras de superficie en un año podría dar cabida a todos los residuos residenciales y comerciales, con el 75% restante disponible para residuos industriales inertes y cascajo de la industria para la construcción (Holmes, 1981).

Aunque es mucho lo que hemos aprendido acerca de los rellenos de tierras desde los tiempos del tiradero al aire libre, quedan todavía muchas preguntas sin responder; por ejemplo:

- ¿En qué condiciones se debe proyectar un relleno sanitario para mantenerse seco, y cuándo sería provechosa la adición (o recirculación) de líquido?
- ¿Cuáles son las consecuencias de la eliminación conjunta de residuos sólidos municipales y lodos de aguas negras o residuos industriales?
- ¿Cuándo se deben proyectar los rellenos con una contención completa, y cuándo considerar la atenuación por suelos y la migración de lixiviados?
- ¿Qué circunstancias deben existir para que sea práctica la recuperación de gas de los rellenos? (En Italia, la recuperación de gas que proviene de los rellenos sanitarios es obligatoria por ley.)

Es necesario dar respuesta a éstas y a muchas otras preguntas para que el diseño de los futuros rellenos tenga una base racional. Las soluciones estarán influidas por las características del predio y el clima, desde luego, pero también por los tipos de procesamiento, recolección y control de las fuentes que anteceden al entierro de residuos y por el tamaño del área a la cual se da servicio. El control de estos últimos factores dependientes de los sistemas (entre otros) es la función de la administración de residuos. Las pautas para ésta se establecen en un plan administrativo de residuos elaborado en armonía con los objetivos de la autoridad local, regional o nacional involucrada. Estos objetivos, y su orden de prioridad, varían de una localidad a otra. En una región, la protección del abasto de aguas subterráneas podría ser el requisito principal, mientras que en otra predominará el uso mínimo de rellenos o la recuperación máxima de energía. Si los objetivos se establecen con claridad por medio de un plan integral, es más probable que las decisiones de tipo político y las que tomen los administradores estén en armonía y sean por tanto más aceptables para el público.

GRACIAS POR SU ATENCIÓN

Ley General del Medio Ambiente y los Recursos Naturales

TITULO I: Disposiciones Generales

TITULO II: De la Gestión del Ambiente

TITULO III: De los Recursos Naturales

TITULO IV: De la Calidad Ambiental

TITULO V: De las Competencias, Acciones y Sanciones en Materia Administrativa y Judicial

TITULO VI: Disposiciones Transitorias y Finales

LEY 217

EL PRESIDENTE DE LA REPUBLICA DE NICARAGUA

Hace saber al pueblo nicaragüense que,

LA ASAMBLEA NACIONAL DE LA REPUBLICA DE NICARAGUA

En uso de sus facultades;

HA DICTADO

La siguiente:

LEY GENERAL DEL MEDIO AMBIENTE Y LOS RECURSOS NATURALES

TITULO I

CAPITULO I DISPOSICIONES GENERALES

Arto. 1 La presente Ley General del Medio Ambiente y los Recursos Naturales tiene por objeto establecer las normas para la conservación , protección, mejoramiento y restauración del Medio Ambiente y los Recursos Naturales que lo integran, asegurando su uso racional y sostenible, de acuerdo a lo señalado en la Constitución Política.

Arto.2 Las disposiciones contenidas en la presente ley son de orden público. Toda persona podrá tener participación ciudadana para promover el inicio de acciones administrativas, o penales en contra de los que infrinjan la presente ley.

Arto.3 Son objetivos particulares de la presente Ley:

1) Prevención, regulación y control de cualesquiera de las causas o actividades que originen deterioro del medio ambiente y contaminación de los ecosistemas.

2) Determinación de los medios, formas y oportunidades para una explotación racional de los recursos naturales dentro de una Planificación Nacional fundamentada en el desarrollo sostenible, con equidad y justicia social y tomando en cuenta la diversidad cultural del país y respetando los derechos reconocidos a nuestras regiones autónomas de la Costa Atlántica y Gobiernos Municipales.

3) La utilización correcta del espacio físico a través de un ordenamiento territorial que considere la protección del ambiente y los recursos naturales como base para el desarrollo de las actividades humanas.

4) El establecimiento de espacios protegidos para garantizar biodiversidad, vida y demás recursos.

5) Garantizar el Uso y Manejo racional de las cuencas y sistemas hídricos, asegurando de esta manera la sostenibilidad.

6) Fomentar y estimular la educación ambiental como medio para el logro de una sociedad en armonía con la naturaleza.

7) Propiciar un medio ambiente adecuado que contribuya de la mejor manera a la promoción de la salud y prevención de las enfermedades del pueblo nicaragüense.

8) Impulsar e incentivar actividades y programas que tiendan al desarrollo y cumplimiento de la presente Ley.

9) Las demás contenidas en esta Ley.

Arto.4 El desarrollo económico y social del país se sujetará a los siguientes principios rectores:

1) El ambiente es patrimonio común de la nación y constituye una base para el desarrollo sostenible del país.

2) Es deber del Estado y de todos los habitantes proteger los recursos naturales y el ambiente, mejorarlos , restaurarlos y procurar eliminar los patrones de producción y consumo no sostenibles.

3) El criterio de prevención prevalecerá sobre cualquier otro en la gestión pública y privada del ambiente. No podrá alegarse la falta de una certeza científica absoluta como razón para no adoptar medidas preventivas en todas las actividades que impacten el ambiente.

4) El Estado debe reconocer y prestar apoyo a los pueblos y Comunidades Indígenas, sean éstas de las Regiones Autónomas o del Pacífico-Centro del país, en sus actividades para la preservación con el ambiente y uso sostenible de los recursos naturales.

5) El derecho de propiedad tiene una función social-ambiental que limita y condiciona su ejercicio absoluto, abusivo y arbitrario, de conformidad con las disposiciones de la presente ley y de las leyes ambientales especiales vigentes o que se sancionen en el futuro.

6) La libertad de los habitantes, en el ámbito de las actividades económicas y sociales, está limitada y condicionada por el interés social, de conformidad con las disposiciones de la Constitución Política, la presente Ley y las leyes ambientales especiales vigentes o que se dicten en el futuro.

7) Las condiciones y contratos de explotación racional de los recursos naturales que otorga el Estado en las regiones autónomas de la Costa Atlántica deberán contar con la aprobación el Consejo Autónomo correspondiente. En los contratos de explotación racional de los recursos naturales ubicados en los municipios respectivos, el Estado solicitará y tomará en cuenta la opinión de los gobiernos municipales, antes de autorizarlos.

CAPITULO II

DEFINICIONES

Arto.5 Para los efectos de esta Ley, se entenderá por:

AMBIENTE: El sistema de elementos biticos, abiticos, socioeconómicos culturales y estéticos que interactúan entre sí, con los individuos y con la comunidad en la que viven determinando su relación y sobrevivencia.

APROVECHAMIENTO: El uso o explotación racional sostenible de recursos naturales y ambientales.

BIODIVERSIDAD: El conjunto de todas y cada una de las especies de seres vivos y sus variedades sean terrestres acuáticos, vivan en el aire o en el suelo, sean plantas o animales o de cualquier índole. Incluye la diversidad de una misma especie, entre especies y entre ecosistemas, así como la diversidad genética.

CONSERVACION: La aplicación de las medidas necesarias para preservar, mejorar, Mantener, rehabilitar y restaurar las poblaciones y los ecosistemas, sin afectar su aprovechamiento.

CONTAMINACION: La presencia y/o introducción al ambiente de elementos nocivos a la vida, la flora o la fauna, o que degrade la calidad de la atmósfera, del agua, del suelo o de los bienes y recursos naturales en general.

CONTAMINANTE: Toda materia, elemento, compuesto, sustancias, derivados químicos o biológicos, energía, radiación, vibración, ruido o una combinación de ellos en cualquiera de sus estados físicos que al incorporarse o actuar en la atmósfera, agua, suelo, flora, fauna o cualquier otro elemento del ambiente, altere o modifique su composición natural y degrade su calidad, poniendo en riesgo la salud de las personas y la preservación y conservación del ambiente.

CONTROL AMBIENTAL: La vigilancia, inspección , monitoreo y aplicación de medidas para la conservación del ambiente.

DAÑO AMBIENTAL: Toda pérdida, disminución, deterioro o perjuicio que se ocasione al ambiente o a uno o más de sus componentes.

DOCUMENTO DE IMPACTO AMBIENTAL: Documento preparado por el equipo multidisciplinario, bajo la responsabilidad del proponente, mediante el cual se da a conocer a la autoridad competente y otros interesados los resultados y conclusiones del Estudio de Impacto Ambiental, traduciendo las informaciones y datos técnicos en un lenguaje claro y de fácil comprensión.

DESARROLLO SOSTENIBLE: Mejorar la calidad de la vida humana sin rebasar la capacidad de carga de los ecosistemas que la sustentan.

CAPACIDAD DE CARGA: Son los límites que los ecosistemas y la biosfera pueden soportar sin sufrir un grave deterioro.

EDUCACION AMBIENTAL: Proceso permanente de formación ciudadana, formal e informal, para la toma de conciencia y el desarrollo de valores, concepto y actitudes frente a la protección y el uso sostenible de los recursos naturales y el medio ambiente.

ESTUDIO DE IMPACTO AMBIENTAL: Conjunto de actividades técnicas y científicas destinadas a la identificación, predicción y control de los impactos ambientales de un proyecto y sus alternativas presentado en forma de informe técnico y realizado según los criterios establecidos por las normas vigentes.

ECOSISTEMAS: La unidad básica de interacción de los organismos vivos entre sí y su relación con el ambiente.

EVALUACION AMBIENTAL: Se entiende por Evaluación de Impacto Ambiental (EIA) el instrumento de política y gestión ambiental formado por el conjunto de procedimientos estudios y sistemas técnicos que permiten estimar los efectos que la ejecución de una determinada obra, actividad o proyecto puedan causar sobre el ambiente.

IMPACTO AMBIENTAL: Cualquier alteración significativa positiva o negativa de uno o más de los componentes del ambiente provocadas por acción humana y/o acontecimientos de la naturaleza en un área de influencia definida.

ORDENAMIENTO: Proceso de Planificación dirigido a evaluar y programar el uso del suelo en el territorio Nacional, de acuerdo con sus características potenciales y de aptitud tomando en cuenta los recursos naturales y ambientales, las actividades económicas y sociales y la distribución de la población, en el marco de una política de conservación y uso sostenible de los sistemas ecológicos.

PERMISO AMBIENTAL: Documento otorgado por la autoridad competente a solicitud del proponente de un proyecto el que certifica que desde el punto de vista de protección ambiental la actividad se puede ejecutar bajo el condicionamiento de cumplir las medidas establecidas.

RECURSOS NATURALES: Elementos naturales de que dispone el hombre para satisfacer sus necesidades económicas, sociales y culturales.
(Elementos naturales susceptibles de ser aprovechados por el hombre).

NIVELES DE EMISION: Liberación de gases de efecto invernadero o sus precursores en la atmósfera en un área y un período de tiempo especificado.

AREAS PROTEGIDAS: Las que tienen por objeto la conservación, el manejo racional y la restauración de la flora, fauna silvestre y otrasformas de vida, así como la biodiversidad y la biosfera.

Igualmente se incluirá en esta categoría, aquellos espacios del territorio nacional que al protegerlos, se pretende restaurar y conservar fenómenos geomorfolgicos, sitios de importancia histórica, arqueológica, cultural, escénicos o recreativos.

RESIDUOS PELIGROSOS: Se entiende por residuos peligrosos aquellos que, en cualquier estado físico, contengan cantidades significativas de sustancias que pueden presentar peligro para la vida o salud de los organismos vivos cuando se liberan al ambiente o si se manipulan incorrectamente debido a su magnitud o modalidad de sus características corrosivas, tóxicas , venenosas, reactivas, explosivas, inflamables, biológicamente perniciosas, infecciosas, irritantes o de cualquier otra característica que representen un peligro para la salud humana, la calidad de la vida, los recursos ambientales o el equilibrio ecológico.

TITULO II

DE LA GESTION DEL AMBIENTE

CAPITULO I

DE LA COMISION DEL AMBIENTE

Arto.6 Se crea la Comisión Nacional del Ambiente, como foro de análisis, discusión y concretaban de la problemática ambiental. Esta funcionará como instancia de coordinación entre el Estado y la Sociedad Civil para procurar la acción armónica de todos los sectores, así como órgano consultivo y asesor del Poder Ejecutivo en relación a la formulación de políticas, estrategias, diseño y ejecución de programas ambientales.

Arto.7 La Comisión estará integrada en forma permanente por los representantes de las siguientes Instituciones y organismos:

l) Ministerio del Ambiente y Recursos Naturales, quien lo presidirá.

2) Ministerio de Economía y Desarrollo.

3) Ministerio de Finanzas.

4) Ministerio de Construcción y Transporte.

5) Ministerio de Salud.

6) Ministerio de Relaciones Exteriores.

7) Instituto Nicaragüense de Estudios Territoriales.

8) Instituto Nicaragüense de Acueductos y Alcantarillados.

9) Delegados de los Consejos Regionales Autónomas del Atlántico Sur y Norte.

10) Un delegado de la Asociación de Municipios de Nicaragua.

11) Dos delegados de los organismos no gubernamentales ambientalistas uno de ellos en representación del Movimiento Ambientalista Nicaragüense.

12) Dos delegados de la Empresa Privada: uno del sector industrial y otro del sector campesino.

13) Un delegado del sector sindical.

14) Un delegado del Consejo Nacional de Universidades.

15) Un delegado de la Comisión del Medio Ambiente y Recursos Naturales de la Asamblea Nacional.

Cuando la temática lo amerite se invitará a participar a otras Instituciones y Organismos.

La Comisión funcionará de acuerdo al Reglamento Interno que ella misma emitirá.

Arto.8 El Ministerio del Ambiente y Recursos Naturales como ente regulador y normador de la política ambiental del país, será el responsable del cumplimiento de la presente Ley y dará seguimiento a la ejecución de los acuerdos emitidos por la misma.

Arto.9 Se crea la Procuraduría del Ambiente y de los Recursos Naturales, como rama especializada de la Procuraduría General de Justicia. Esta ejercerá la representación y defensa de los intereses del Estado y la sociedad en esta materia.

Arto.10 La Procuraduría del Ambiente tendrá las siguientes atribuciones:

1) Ejercer las acciones y representación del interés publico, con carácter de parte procesal, en todos aquellos juicios por infracción a las leyes ambientales;

2) Ejercer las demás acciones previstas en esta Ley, en la Ley Orgánica de la Procuraduría General de Justicia y en las demás leyes pertinentes.

CAPITULO II

DE LOS INSTRUMENTOS PARA LA GESTION AMBIENTAL

Arto.11 Son Instrumentos para la Gestión Ambiental el conjunto de políticas, directrices, normas técnicas y legales, actividades, programas, proyectos e instituciones que permiten la aplicación de los Principios Generales Ambientales y la consecución de los objetivos ambientales del país, entre estos, los siguientes:

1) De la Planificación y Legislación.

2) Del Ordenamiento Ambiental del Territorio.

3) De las Areas Protegidas.

4) De Permisos y Evaluaciones del Impacto Ambiental.

5) Del Sistema Nacional de Información Ambiental.

6) De la Educación, Divulgación y Desarrollo Científico y Tecnológico.

7) De los Incentivos.

8) De las Inversiones Públicas.

9) Del Fondo Nacional del Ambiente.

10) De la Declaración de Areas contaminadas y de las Emergencias ambientales.

SECCION I

DE LA PLANIFICACION Y LEGISLACION

Arto.12 La planificación del desarrollo nacional, regional y municipal del país deberá integrar elementos ambientales en sus planes, programas y proyectos económicos y sociales, respetando los principios de publicidad y participación ciudadana. Dentro del ámbito de su competencia, todos los organismos de la administración pública, entes descentralizados y autoridades municipales deben prever y planificar la no afectación irreversible y la protección y recuperación del ambiente y los recursos naturales para evitar su deterioro y extinción.

Arto.13 Las instancias responsables de la formulacin y aplicación de la Política Ambiental, de las normas técnicas y demás instrumentos previstos en la legislación, observarán los siguientes principios:

1) Del equilibrio de los ecosistemas dependen la vida y las posibilidades productivas del país.

2) Los ecosistemas y sus elementos deben ser aprovechados de manera que se asegure una productividad óptima y sostenida, compatible con su equilibrio e integridad.

3) La protección del equilibrio ecológico es una responsabilidad compartida del Estado y los ciudadanos.

4) La responsabilidad de velar por el equilibrio ecológico, comprende tanto las condiciones presentes como las que determinarán la calidad de la vida de las futuras generaciones.

5) La eficiencia de las acciones ambientales requieren de la coordinación interinstitucional y la concertación con la sociedad civil.

6) La prevención es el medio más eficaz para evitar los desequilibrios ecológicos

7) El aprovechamiento de los recursos naturales renovables debe realizarse de manera que asegure el mantenimiento de su biodiversidad y renovabilidad

8) La explotación óptima de los recursos naturales no renovables evita la generación de efectos ecológicos adversos.

9) La calidad de vida de la población depende del control y de la prevención de la contaminación ambiental, del adecuado aprovechamiento de los elementos naturales y del mejoramiento del entorno natural en los asentamientos humanos

10) Las actividades que se lleven a cabo dentro del territorio nacional, deberán respetar el equilibrio ecológico de otros países o de zonas de jurisdicción internacional.

SECCION II

DEL ORDENAMIENTO AMBIENTAL DEL TERRITORIO

Arto.14 El ordenamiento ambiental del territorio tendrá como objetivo principal alcanzanzar la máxima armonía posible en las interrelaciones de la sociedad con su medio ambiente, tomando en cuenta:

1) Las características topográficas, geomorfolgicas y meteorológicas de las diferentes regiones ambientales del país.

2) Las vocaciones de cada región en función de sus recursos naturales, la conservación, recuperación y mejoramiento de la calidad de las fuentes de agua.

3) La distribución y pautas culturales de la población.

4) Los desequilibrios ecológicos existentes por causas humanas o naturales.

Arto.15 El Instituto Nicaragüense de Estudios Territoriales y el Ministerio del Ambiente y los Recursos Naturales dictarán y pondrán en vigencia las normas, pautas y criterios, para el ordenamiento del territorio tomando en cuenta:

1) Los usos prioritarios a que estarán destinadas las áreas del territorio nacional de acuerdo a sus potencialidades económicas, condiciones específicas y capacidades ecológicas;

2) La localización de las principales zonas industriales, agroindustriales, agropecuarias, forestales, mineras y de servicios;

3) Los lineamientos generales del proceso de urbanización y del sistema de ciudades;

4) La delimitación de las áreas naturales protegidas y de otros espacios sujetos a un régimen especial de conservación y mejoramiento del ambiente; de protección absoluta y de manejo restringido;

5) La ubicación de las grandes obras de infraestructura relativas a energía, comunicaciones, transporte, aprovechamiento de recursos hídricos, saneamiento de áreas extensas y otras análogas;

6) Los lineamientos generales de los corredores viales y de transporte;

Arto.16 La elaboración y ejecución de los planes de ordenamiento del territorio será responsabilidad de las autoridades municipales quienes lo harán en base a las pautas y directrices establecidas. En el caso de las regiones Autónomas de la Costa Atlántica será competencia de los Consejos Regionales Autónomos con la Asistencia Técnica de las Instituciones referidas.

SECCION III

DE LAS AREAS PROTEGIDAS

Arto.17 Créase el Sistema Nacional de Areas Protegidas, que comprende todas las áreas declaradas como tal a la fecha de entrada en vigencia de esta Ley y las que se declaren en el futuro.

Arto.18 El establecimiento y declaración legal de áreas naturales protegidas, tiene como objetivo fundamental:

1) Preservar los ecosistemas naturales representativos de las diversas regiones biogeográficas y ecológicas del país.

2) Proteger cuencas hidrográficas, ciclos hidrológicos, mantos acuíferos, muestras de comunidades bióticas, recursos genéticos y la diversidad genética silvestre de flora y fauna.

3) Favorecer el desarrollo de tecnologías apropiadas para el mejoramiento y el aprovechamiento racional y sostenible de los ecosistemas naturales.

4) Proteger paisajes naturales y los entornos de los monumentos históricos, arqueológicos y artísticos.

5) Promover las actividades recreativas y de turismo en convivencia con la naturaleza.

6) Favorecer la educación ambiental, la investigación científica y el estudio de los ecosistemas.

Arto.19 También tendrá como objetivo fundamental transformar a los habitantes de áreas protegidas en los verdaderos vigilantes de esos sitios, garantizándoles de parte del Estado todos los derechos y garantías a que tienen derechos los nicaragüenses.

Arto.20 La declaración de áreas protegidas se establecerá por ley, y su iniciativa se normará de acuerdo a lo establecido en el Arto.140 Cn. Previo a la declaratoria se deberá tomar en cuenta

1) El Estudio técnico, que contenga las características y condiciones biofísicas, sociales, culturales y ambientales.

2) La identificación y delimitación del área.

3) Las condiciones socio económicas de la población y áreas circundantes.

4) Las categorías de manejo reconocidas internacionalmente y las que se

formulen a nivel nacional.

5) La partida presupuestaria para pagar en efectivo y de previo a los propietarios que fueren afectados.

6) Las comunidades indígenas cuando el área protegida se establezca en tierras de dichas comunidades.

7) Para efectos de esta ley las categorías de áreas protegidas reconocidas serán las siguientes:

7.1.- Reserva Natural.

7.2.- Parque Nacional.

7.3.- Reserva Biológica.

7.4.- Monumento Nacional

7.5.- Monumento Histórico.

7.6.- Refugio de vida silvestre.

7.7.- Reserva de Biosfera.

7.8.- Reserva de Recursos genéticos.

7.9.- Paisaje terrestre y marino protegidos.

Arto.21 Todas las actividades que se desarrollen en áreas protegidas, obligatoriamente se realizarán conforme a planes de manejo supervisados y manejados por MARENA, los que se adecuarán a las categorías que para cada área se establezca. Tanto en la consecución de los objetivos de protección como en la gestión y vigilancia se procurará integrar a la comunidad.

Arto.22 La normación y control de las áreas protegidas estará a cargo de El Ministerio del Ambiente y de los Recursos Naturales, quien podrá autorizar la construcción de estaciones de servicios e investigación, así como dar en administración las áreas protegidas a terceros, siempre que sean personas jurídicas nicaragüenses sin fines de lucro, bajo las condiciones y normas que sobre la materia se establezca en el respectivo plan de manejo.

Arto.23 Todas las tierras de propiedad privada situadas en áreas protegidas están sujetas a las condiciones de Manejo establecidas en las leyes que regulen la materia. Los derechos adquiridos de los propietarios que no acepten las nuevas condiciones que se establezcan estarán sujetos a declaración de utilidad pública, previo pago en efectivo de justa indemnización.

Arto.24 Se establecerán zonas de amortiguamiento alrededor de las áreas protegidas en las dimensiones y con las limitaciones de uso estipuladas en el respectivo Plan de Manejo. Las actividades públicas o privadas que por autorización o concesión se realicen dentro de las áreas protegidas deben ser compatibles con el Plan de Manejo aprobado para los mismos. Las personas que se encuentren asentadas dentro de estas áreas deberán adecuar su permanencia a los planes de manejo.

SECCION IV

DE PERMISOS Y EVALUACION DE IMPACTO AMBIENTAL

Arto. 25 Los Proyectos , obras, industrias o cualquier otra actividad que por su características puede producir deterioro al ambiente o a los recursos naturales, deberán obtener, previo a su ejecución, el Permiso ambiental otorgado por el Ministerio del Ambiente y Recursos Naturales. El Reglamento establecerá la lista específica.

Los que no contemplare la lista específica, estarán obligados a presentar a la Municipalidad correspondiente el formulario ambiental que el Ministerio del Ambiente y los Recursos Naturales establezca como requisito para el permiso respectivo.

Arto.26 Las actividades, obras o proyectos públicos o privados de inversión nacional o extranjera, durante su fase de preinversión, ejecución, ampliación, rehabilitación o reconversión, quedarán sujetos a la realización de estudios y evaluaciones de Impacto Ambiental, como requisito para el otorgamiento del Permiso Ambiental.

Aquellos que no cumplan con las exigencias, recomendaciones o controles que se fijen serán sancionados por el Ministerio del Ambiente y Recursos Naturales.

El costo del estudio del impacto ambiental estará a cargo del interesado en desarrollar la obra o proyecto.

Arto.27 El sistema de permisos y Evaluación de Impacto Ambiental será administrado por el Ministerio del Ambiente y Recursos Naturales, en coordinación con las instituciones que corresponda, y estará obligada a consultar el estudio con los organismos sectoriales competentes así como los Gobiernos Municipales. En el caso de las Regiones Autónomas de la Costa Atlántica el sistema será administrado por el Consejo Regional respectivo, y en su caso con la autoridad que administra o autoriza la actividad, obra o proyecto en base a las disposiciones reglamentarias, respetándose la participación ciudadana y garantizándose la difusión correspondiente.

Arto.28 En los Permisos Ambientales se incluirán todas las obligaciones del propietario del proyecto o institución responsable del mismo estableciendo la forma de seguimiento y cumplimiento del Permiso obtenido.

Arto.29 El permiso obliga a quien se le otorga :

1) Mantener los controles y recomendaciones establecidas para la ejecución o realización de la actividad.

2) Asumir las responsabilidades administrativas, civiles y penales de los daños que se causaren al ambiente.

3) Observar las disposiciones establecidas en las normas y reglamentos especiales vigentes.

Arto.30 El Ministerio del Ambiente y Recursos Naturales en base a la clasificación de las obras de inversión y el dimensionamiento de las mismas, emitirá las normas técnicas. disposiciones y guías metodolgicas necesarias para la elaboración de los Estudios de Impacto Ambiental.

SECCION V

DEL SISTEMA NACIONAL DE INFORMACION AMBIENTAL

Arto.31 Se establece el Sistema Nacional de Información Ambiental bajo la responsabilidad del Ministerio del Ambiente y los Recursos Naturales. Dicho sistema estará integrado por los organismos e instituciones públicas y privadas dedicadas a generar información técnica y científica sobre el estado del Ambiente y los Recursos Naturales.

Arto.32 Los datos del Sistema Nacional de Información Ambiental serán de libre consulta y se procurará su periódica difusión, salvo los restringidos por las Leyes específicas.

Arto.33 Sin perjuicio de los derechos de propiedad intelectual, todo aquel que realice una investigación o trabajo sobre el ambiente y los Recursos Naturales entregará un ejemplar o copia de la investigación o estudio al

Ministerio del Ambiente y los Recursos Naturales. En el caso de estudios realizados en las Regiones Autónomas se remitirá copia del mismo al Consejo Regional Autónomo respectivo.

SECCION VI

DE LA EDUCACION, DIVULGACION Y DESARROLLO CIENTIFICO Y TECNOLOGICO

Arto.34 El Sistema Educativo Nacional y los medios de comunicación social, promoverán la Educación Ambiental, que permita el conocimiento del equilibrio ecológico y su importancia para el ambiente y la salud y que dé pautas para el comportamiento social e individual con el fin de mejorar la calidad ambiental.

Arto.35 Las autoridades educativas deben incluir en los programas de educación formal y no formal, contenidos y metodologías, conocimientos y hábitos de conducta para la preservación y protección del ambiente.

Arto.36 Para la obtención del grado académico de bachillerato se exigirá un número mínimo de horas de práctica o servicio ecológico de acuerdo al reglamento que el Ministerio de Educación al efecto emita.

Arto.37 Las autoridades encargadas de promover el desarrollo científico y tecnológico del país, con la colaboración del Ministro del Ambiente y los Recursos Naturales, en consulta con sectores de la comunidad científica y la sociedad civil, elaborarán, actualizarán y pondrán en ejecución un Programa Nacional de Ciencia y Tecnología Ambientales para el Desarrollo Sostenible en la forma y plazos que se establezcan en el reglamento.

SECCION VII

DE LOS INCENTIVOS

Arto.38 El Estado hará reconocimiento moral a las personas naturales o jurídicas y a instituciones que se destaquen en la protección de los Recursos Naturales y del Ambiente.

Arto.39 El Estado establecerá y ejecutará una política de incentivos y beneficios económicos dirigidos a quienes contribuyan a través de sus inversiones a la protección, mejoramiento y restauración del ambiente.

Arto. 40 El Estado garantizará facilidades a aquellas Empresas que una vez agotadas las opciones y alternativas tecnológicas factibles para resolver la contaminación y la afectación a la salud y seguridad pública que provocan, deban ser reubicadas en otro sitio menos riesgoso.

Las condiciones para el otorgamiento de las facilidades se definirán vía reglamento.

Arto. 41 A las personas naturales o jurídicas que se dediquen a actividades de investigación, fomento y conservación del ambiente, podrá deducírsele como gasto en los impuestos sobre la Renta, los montos invertidos para tal fin, previa certificación del Ministerio del Ambiente y los Recursos Naturales en consulta con el Ministerio de Finanzas.

Arto. 42 Se exonera del pago de Impuesto a los Bienes Inmuebles, a aquellas propiedades destinadas a Programas de Reforestación, Conservación de Suelos y de Biodiversidad.

El Ministerio del Ambiente y los Recursos Naturales reglamentará y dará certificación a los beneficiarios correspondientes.

Arto.43 Los medios de comunicación social que concedan gratuitamente tiempo o espacios a la divulgación de campañas de Educación Ambiental debidamente autorizadas, podrán gozar de incentivos fiscales en proporción al valor de los mismos .

Arto.44 El Estado fomentará mediante incentivos fiscales las inversiones para el reciclaje de desechos domésticos y comerciales para su industrialización y reutilización, acorde a los procedimientos técnicos y sanitarios que aprueben las autoridades competentes.

Arto. 45 Se exonerará de Impuestos de importación a los equipos y maquinarias conceptualizados como tecnología limpia en su uso, previa certificación del Ministerio del Ambiente y Recursos Naturales y el Ministerio de Finanzas.

SECCION VIII

DE LAS INVERSIONES PUBLICAS

Arto.46 En los planes de obras públicas las Instituciones incluirán entre las prioridades a las inversiones que estén destinadas a la protección y el mejoramiento de la calidad de vida.

Arto.47 Las partidas presupuestarias destinadas a las obras o proyectos de inversión, deberán incluir los fondos necesarios para asegurar la incorporación del Estudio del Impacto Ambiental y medidas o acciones que se deriven de los mismos en el caso de las inversiones públicas corresponderá a la Contraloría General de la República velar porque dichas partidas estén incorporadas en los presupuestos respectivos.

SECCION IX

DEL FONDO NACIONAL DEL AMBIENTE

Arto.48 Se crea el Fondo Nacional del Ambiente para desarrollar y financiar programas y proyectos de protección, conservación, restauración del ambiente y desarrollo sostenible. Dicho Fondo se regirá por un reglamento especial que emitirá el Ejecutivo respetando las disposiciones señaladas en las leyes específicas en relación con las Regiones Autónomas de la Costa Atlántica. Su uso será definido en consulta con la Comisión Nacional del Ambiente.

Arto.49 El Fondo Nacional del Ambiente se integrará con los fondos provenientes del otorgamiento de licencias ambientales, multas y decomisos por infracciones a ésta Ley y por las donaciones nacionales e internacionales otorgadas para tal fin; y, otros recursos que para tal efecto se le asignen.

Arto.50 Las actividades, proyectos y programas a ser financiados total o parcialmente por el Fondo Nacional del Ambiente, podrán ser ejecutados por instituciones estatales regionales autónomas, municipales o por organizaciones no gubernamentales y de la Empresa Privada; éstos deberán estar enmarcados en las políticas nacionales, regionales y municipales para el ambiente y desarrollo sostenible y ser sometidos al proceso de selección y aprobación según Reglamento.

SECCION X

DE LA DECLARATORIA DE AREAS CONTAMINADAS Y DE LAS EMERGENCIAS AMBIENTALES

Arto.51 La Presidencia de la República a propuesta del Ministerio del Ambiente y los Recursos Naturales de los Consejos Regionales Autónomos de la Costa Atlántica y los Consejos Municipales respectivos podrá declarar zona de emergencia ambiental ante la ocurrencia de un desastre, por el tiempo que subsista la situación y sus consecuencias.

Arto.52 Todas las personas naturales o jurídicas, públicas o privadas, están obligadas a participar en la prevención y solución de los problemas originados por los desastres ambientales.

Arto.53 La Presidencia de la República a propuesta del Ministerio del Ambiente y los Recursos Naturales, los Consejos Regionales Autónomos de la Costa Atlántica y los Consejos Municipales respectivos podrá declarar como áreas contaminadas las zonas cuyos índices de contaminación sobrepasen los límites permisibles y en las mismas se aplicarán las medidas de control que correspondan.

TITULO III

DE LOS RECURSOS NATURALES

CAPITULO I.

NORMAS COMUNES Y FORMAS DE ADQUIRIR LOS DERECHOS

Arto.54 Los recursos naturales son patrimonio nacional, su dominio, uso y aprovechamiento serán regulados por lo que establezca la presente ley, las leyes especiales y sus respectivos reglamentos. El Estado podrá otorgar derecho a aprovechar los recursos naturales bajo su dominio por concesión, permisos, licencias y cuotas.

Arto.55 Para el uso y el aprovechamiento sostenible de los recursos naturales renovables deben tomarse en cuenta, entre otros, los siguientes criterios:

1) La sostenibilidad de los recursos naturales.

2) La conveniencia de la preservación del ambiente, sus costos y beneficios socio-econmicos.

3) Los planes y prioridades del país, municipio o región autónoma y comunidad indígena donde se encuentren los recursos y los beneficios de su aprovechamiento para las comunidades.

Arto.56 El plazo para el aprovechamiento de los recursos naturales se fijará en las leyes específicas tomando en cuenta la naturaleza del recurso, su disponibilidad, la rentabilidad individual y social de la misma.

Arto.57 El Estado, por razones de interés público, podrá limitar en forma total o parcial, permanente o transitoria, el uso y aprovechamiento de los recursos naturales, regulado a través de las leyes específicas.

Arto.58 Serán causales generales de rescisión de los permisos de aprovechamiento, el incumplimiento de la presente ley y de las leyes especiales.

Arto.59 Las leyes especiales que regulen el dominio, uso y aprovechamiento de los recursos naturales deberán enmarcarse en lo preceptuado en la presente Ley.

Arto.60 Es facultad del Ministerio de Economía y Desarrollo, la administración del uso de los recursos naturales del dominio del Estado que le hayan asignado o se le asignen por ley, garantizando el cumplimiento de las normas técnicas y regulaciones establecidas por el Ministerio del Ambiente y los Recursos Naturales. En las Regiones Autónomas esta administración se hará en coordinación con los Consejos Regionales Autónomos.

Arto.61 Es facultad del Ministerio del Ambiente y los Recursos Naturales, la normacin del uso de los recursos naturales renovables y no renovables, el monitoreo, control de calidad y el uso adecuado de los mismos. En las Regiones Autónomas esta normacin se hará en coordinación con los Consejos Regionales Autónomos.

CAPITULO II

DE LA BIODIVERSIDAD Y EL PATRIMONIO GENETICO NACIONAL

Arto. 62 Es deber del Estado y de todos sus habitantes velar por la conservación y aprovechamiento de la diversidad biológica y del patrimonio genético nacional, de acuerdo a los principios y normas consignados en la legislación nacional, en los Tratados y Convenios Internacionales suscritos y ratificados por Nicaragua.

En el caso de los pueblos indígenas y comunidades étnicas que aportan recursos genéticos, el Estado garantizará que dicho uso se concederá conforme a condiciones determinadas en consultas con los mismos.

Arto.63 Las personas naturales o jurídicas que realicen estudios sobre biotecnología, deberán contar con la aprobación de la autoridad competente, de acuerdo al Reglamento establecido para tal efecto y también, asegurar la participación efectiva de la población, en especial, aquellos grupos que aportan recursos genéticos y, proporcionarles toda la información disponible acerca del uso, seguridad y los posibles efectos derivados de la transferencia, manipulación y utilización de cualquier organismo resultante.

Arto.64 Por Ministerio de esta ley quedan registradas y patentadas a favor del Estado y del pueblo nicaragüense, para su uso exclusivo o preferente, los germoplasmas y cada una de las especies nativas del territorio nacional, particularmente las endémicas. Se establecerá un Reglamento para tal efecto, el cual fijará el procedimiento.

Arto.65 Para el uso y aprovechamiento de la Diversidad Biológica, tanto silvestre como domesticada, se debe tomar en cuenta lo siguiente:

1) la diversidad de las especies animales y vegetales.

2) las especies endémicas y en peligro de extinción.

3) el inventario y monitoreo biológico de la Biodiversidad.

4) el conocimiento y uso tradicional por comunidades locales e indígenas.

5) la tecnología de manejo de las especies de mayor interes.

Arto.66 El Ministerio del Ambiente y los Recursos Naturales determinará el listado de las especies en peligro de extinción, amenazadas o protegidas, las cuales serán objeto de riguroso control y de mecanismos de protección in situ y ex situ, que garanticen su recuperación y conservación de acuerdo a las leyes especiales y/o convenios regionales e internacionales.

Arto.67 El establecimiento de zoocriaderos para fines comerciales o actividades científicas de especies amenazadas en peligro o en vías de extinción, se regulará por ley.

Arto.68 La introducción al país y la salida del mismo de especies animales y vegetales, sean éstas nativas o no nativas, deben ser previamente autorizadas por la autoridad competente, de acuerdo a los principios y normas consignadas en la legislación nacional, en los Tratados y Convenios Internacionales suscritos y ratificados por Nicaragua.

Arto.69 El Ministerio del Ambiente y los Recursos Naturales realizará inventario y registro de la diversidad biológica del país, para lo cual se podrá coordinar con centros de investigación nacionales y extranjeros.

Arto.70 Con el fin de normar el resguardo y preservación de la Diversidad Biológica del país, se establece un plazo máximo de seis meses para presentar una iniciativa de Ley de Biodiversidad, a partir de la vigencia de esta ley, la que deberá reflejar entre otros aspectos, lo referente:

1) Las Areas Naturales Protegidas.

2) Recursos Genéticos.

3) Especies animales y vegetales.

4) Conservación in situ y ex situ

5) Uso y aprovechamiento sostenible de los recursos de Biodiversidad.

Arto.71 A efectos de resguardar la diversidad biológica, el Ministerio del Ambiente y los Recursos Naturales, deberá:

1) Establecer sistemas de vedas.

2) Fijar cuotas de exportación, caza, y captura.

3) Retener embarques de productos de la vida silvestre, tanto los originados en Nicaragua como en tránsito, en cualquier fase de su envío o traslado, cuando presuma que se trata de comercio ilegal o se infrinjan las disposiciones de esta Ley y sus Reglamentos, quedando exento de cualquier tipo de responsabilidad..

CAPITULO II

DE LAS AGUAS

SECCION I: NORMAS COMUNES

Arto.72 El agua, en cualesquiera de sus estados, es de dominio público. El Estado se reserva además la propiedad de las playas marítimas, fluviales y lacustres; el álveo de las corrientes y el lecho de los depósitos naturales de agua; los terrenos salitrosos, el terreno firme comprendido hasta treinta metros después de la línea de marcas máximas o a la del cauce permanente de ríos y lagos y los estratos o depósitos de las aguas subterráneas.

Arto.73 Es obligación del Estado y de todas las personas naturales o jurídicas que ejerzan actividad en el territorio nacional y sus aguas jurisdiccionales, la protección y conservación de los ecosistemas acuáticos, garantizando su sostenibilidad.

Arto.74 El uso, manejo y aprovechamiento de los ecosistemas acuáticos, costeros y los recursos hidrobiolgicos contenidos en ellos, deberá realizarse con base sostenible y de acuerdo a planes de manejo que garanticen la conservación de los mismos.

Arto.75 En el uso del agua gozarán de prioridad las necesidades de consumo humano y los servicios públicos.

Los Centros de Salud y Puestos de Salud, donde los hubiere y las Autoridades Municipales y Comunales, deberán incluir en sus programas relacionados con higiene ambiental, un Capítulo que establezca y desarrolle el tema de la Educación Sobre el Manejo, obtención, reserva y uso del agua de consumo humano. Su utilización no ampara ninguna forma de abuso del recurso.

Arto.76 Toda persona tiene derecho a utilizar las aguas para satisfacer sus necesidades básicas, siempre que con ello no cause perjuicio a terceros ni implique derivaciones o contenciones, ni empleo de máquinas o realización de actividades que deterioren de alguna forma el cauce y sus márgenes, lo alteren, contaminen o imposibilite su aprovechamiento por terceros.

Arto.77 Salvo las excepciones consignadas en la presente Ley, el uso del agua requerirá de autorización previa, especialmente para los siguientes casos:

1) Establecer servicios de transportación, turismo, recreación o deporte en lagos lagunas, ríos y demás depósitos o cursos de agua.

2) Explotación Comercial de la Fauna y otras formas de vida contenidas en los mismos.

3) Aprovechamiento de la biodiversidad. existente en los recursos acuáticos.

4) Ocupación de playas o riberas de ríos.

5) Verter aguas residuales o de sistemas de drenajes de aguas pluviales.

6) Inyectar aguas residuales provenientes de actividad geotérmica.

7) Cualquier otra ocupación que derive lucro para quienes la efectúen.

Arto.78 Para autorizar el uso del agua, las instituciones con mandato deberán de tomar en cuenta las siguientes disposiciones:

1) Considerar la interrelación equilibrada con los demás recursos y el funcionamiento del ciclo hidrológico, con especial protección de los suelos, áreas boscosas, formaciones geológicas y de las áreas de recarga de los acuíferos.

2) Promover el manejo integrado de las cuencas hidrográficas.

3) Proteger las especies del ecosistema del sistema acuático y costero terrestre, especialmente las endémicas, amenazadas o en peligro de extinción.

4) Evitar el uso o gestión de cualquier elemento del sistema hídrico que pueda perjudicar las condiciones físicas, químicas o bacteriolgicas del agua.

Arto.79 La autoridad competente, en caso de estar en peligro el uso sostenible del recurso agua por causa de accidentes, desastres naturales, contaminación o abusos en el uso, podrá restringir, modificar o cancelar las concesiones, permisos o autorizaciones otorgadas.

Arto.80 La duración de las concesiones y autorizaciones, sus requisitos y procedimientos para su tramitación, se sujetarán en lo que fueren aplicables a las normas establecidas en la Ley.

Para el otorgamiento de derechos sobre las aguas, deberán tomarse como criterios básicos el principio de publicidad y licitación pública, prefiriéndose aquellos que proyecten la más racional utilización del agua y su entorno.

Arto.81 Constituyen obligaciones de los beneficiarios de concesión o autorización de uso de aguas:

1) Obtener aprobación previa de las obras para captar, controlar, conducir, almacenar o distribuir las aguas.

2) Contar con instrumentos que le permitan conocer y medir la cantidad de aguas derivadas o consumidas.

3) Aprovechar las aguas con eficiencia y economía, empleando sistemas óptimos de captación y utilización.

4) Reintegrar los sobrantes de aguas a sus cauces de orígenes o darles el uso previsto en la concesión o autorización.

5) Evitar desbordamientos en las vías públicas y otros predios, de las aguas contenidas o de las provenientes de lluvia.

6) Realizar con carácter provisorio las obras de defensa en caso de crecientes extraordinarias u otros hechos semejantes de fuerza mayor.

7) Acondicionar los sistemas necesarios que permitan el paso de la fauna acuática, cuando construyan obras hidráulicas.

8) Facilitar a la autoridad competente sus labores de vigilancia e inspección y suministrarle la información que ésta requiera sobre el uso de las aguas.

9) Contribuir en los términos que se establezca en la concesión o autorización, a la conservación de las estructuras hidráulicas, cobertura vegetal adecuada, caminos de vigilancias y demás obras e instalaciones comunes.

10) Establecer a lo inmediato las medidas necesarias y construir las obras que impidan la contaminación física, química o biológica que signifiquen un peligro para el ecosistema y la salud humana.

Arto.82 Las autorizaciones para el aprovechamiento de las aguas subterráneas podrán ser revisadas, modificadas o canceladas, cuando circunstancias hidrogeolgicassobre explotación o riesgo de estarlo así lo impusiesen. Asimismo, podrá establecerse períodos de veda para la utilización del agua del subsuelo.

Arto.83 La autoridad competente, atendiendo el uso que se le da al agua, disponibilidad de la misma y características especiales del manto friático, podrá establecer patrones de volúmenes anuales de extracción máxima, cuyos controles y aplicación será competencia de los Gobiernos Regionales Autónomos y las Municipalidades.

SECCION II : DE LAS AGUAS CONTINENTALES

Arto.84 Las aguas continentales superficiales, así como las subterráneas integradas en el ciclo hidrológico, constituyen un recurso unitario, subordinado al interés general, que forma parte del dominio público. Su propiedad uso y limitaciones deben ser normados.

Arto.85 En ningún caso los particulares sin autorización expresa de autoridad competente, podrán modificar artificialmente la fase atmosférica del ciclo hidrológico.

Arto.86 El cumplimiento de las normas, recomendaciones y demás medidas que el Ministerio del Ambiente y los Recursos Naturales dicte, serán de obligatorio cumplimiento para los propietarios, tenedores o administradores del uso del agua.

Arto.87 Las aguas térmicas, medicinales y con otras propiedades especiales serán aprovechadas por el Estado, a través de entidades propias o por medio de concesiones.

SECCION III : DE LAS AGUAS MARITIMAS Y COSTERAS

Arto.88 Son de dominio exclusivo del Estado, las Aguas Marítimas hasta doscientas millas náuticas, contadas a partir de la línea de bajamar a lo largo de la costa en el Océano Pacífico y Mar Caribe, así como los espacios marítimos incluyendo la Plataforma Continental, hasta donde ésta se extienda, y sobre las áreas adyacentes a esta ultima sobre la que existe o pueda existir jurisdicción nacional, de conformidad con la legislación nicaragüense y las normas del derecho internacional.

Arto.89 Es obligación del Estado la protección del ambiente marino constituido por las aguas del mar territorial y de la zona económica adyacente, el subsuelo marino, la plataforma continental, las playas y los recursos naturales que se encuentran en él y en el espacio aéreo correspondiente.

Arto.90 Cualquier actividad en el mar que tenga por finalidad aprovechar los recursos naturales, del suelo, subsuelo o de cualquier otro hábitat marino, requerirá de concesión, licencia o permiso según el caso, de acuerdo a lo que se establezca en las leyes específicas.

Arto. 91 Se requerirá de un permiso especial del Ministerio del Ambiente y los Recursos Naturales para el aprovechamiento sostenible de manglares y otras vegetaciones en las ensenadas, caletas y franjas costeras.

El uso de los arrecifes coralinos y zonas adyacentes, se autorizará únicamente con fines de observación e investigación y de subsistencia de las comunidades étnicas.

Arto. 92 Para llevar a cabo la extracción de materiales o cualquier tipo de obra en las playas y/o plataforma insular continental, se requiere de un permiso especial del Ministerio del Ambiente y los Recursos Naturales.

Arto. 93 El manejo de los residuos de los buques serán regulados según los requisitos establecidos en las leyes especiales, reglamentos y Convenios Internacionales.

Arto. 94 A efectos de evitar contaminación por derrame de hidrocarburos, se prohibe el vertimiento en las aguas continentales, marítimas o costeras de:

1) Aguas de sentina, de lastre o de lavado de tanques.

2). Residuales producidos por la prospección o explotación de pozos petroleros.

3) Residuales industriales cuyo contenido en hidrocarburos y otras sustancias

nocivas y peligrosas, ponga en peligro el medio acuático.

CAPITULO III

DE LOS SUELOS

SECCION I. NORMAS COMUNES

Arto. 95 Para el uso y manejo de los suelos y de los ecosistemas terrestres deberá tomarse en cuenta:

1) la compatibilidad con la vocación natural de los mismos, cuidando de mantener las características físicas/químicas y su capacidad productiva. Toda actividad humana deberá respetar el equilibrio de los ecosistemas.

2). Evitar prácticas que provoquen erosión, degradación o modificación de las características topográficas y geomorfologicas con efectos negativos.

Arto. 96 En terrenos con pendientes iguales o superiores a 35%, los propietarios, tenedores o usuarios, deberán mantener la cobertura vegetal del suelo e introducir cultivos y tecnologías aptas para prevenir o corregir la degradación del mismo.

Arto. 97 En aquellas áreas donde los suelos presenten niveles altos de degradación o amenaza de la misma, el Ministerio de Agricultura y Ganadería en coordinación con el Ministerio del Ambiente y los Recursos Naturales y con los Consejos Municipales y las Regiones Autónomas respectivas, podrán declarar áreas de conservación de suelos dentro de límites definidos, estableciendo normas de manejo que tiendan a detener su deterioro y aseguren su recuperación y protección.

SECCION II

NORMAS PARA LA PROTECCION DE LOS SUELOS FORESTALES

Arto. 98 Las tierras definidas como forestales o de vocación forestal deberán explotarse con base sostenible y no podrán ser sometidas a cambios de uso.

Arto. 99 El manejo de las tierras forestales se regirá por la siguiente clasificación:

1. Area de producción forestal: En la que el uso debe ser dedicado al desarrollo sostenible de los recursos forestales.

2. Area de conservación forestal: aquella que de debe ser conservada permanentemente con cobertura forestal para protección y conservación de biodiversidad, suelos y/o aguas.

Arto.100 Para el uso y aprovechamiento de las áreas de producción forestal de productos maderables y no maderables, éstas deberán ser sometidas a manejo forestal con base sostenible, con la aplicación de métodos y tecnologías apropiadas que garanticen un rendimiento óptimo.

Arto.101 Para el uso, administración y manejo de las tierras forestales, se deben tomar en cuenta los siguientes principios:

1. La sostenibilidad del ecosistema forestal.

2. La interdependencia que existe entre el bosque y los suelos.

3. La función que desempeñan los bosques en el ciclo hidrológico.

4 La protección de los suelos, fuentes y corrientes de agua, de tal manera que mantengan su calidad y los caudales básicos.

5. La importancia del bosque como hábitat de la fauna y flora silvestre, protector de la biodiversidad.

6. Los beneficios económicos, sociales y culturales consistentes con el desarrollo sostenible

CAPITULO IV

DE LOS RECURSOS NATURALES NO RENOVABLES

Arto. 102 Son recursos no Renovables aquellos que no pueden ser objeto de reposición en su estado natural, como son los minerales, hidrocarburos y demás substancias del suelo y subsuelo, cuya explotación tiene por finalidad la extracción y utilización de los mismos.

Arto. 103 Los recursos naturales no renovables, por ser del dominio del Estado, este podrá ceder su exploración y explotación mediante régimen de concesiones en la forma y condiciones que se establezcan en las leyes específicas y sus reglamentos.

Arto. 104 Para la exploración y aprovechamiento de los recursos naturales no renovables , además de respetar las medidas restrictivas de protección de los recursos minerales o del subsuelo en general, la autoridad competente deberá obligatoriamente:

1. Asegurar el aprovechamiento racional de las materias primas y la explotación racional de los yacimientos.

2. Exigir el tratamiento y disposición segura de materiales de desecho.

3. Promover el uso eficiente de energía.

4. Impedir la alteración, directa o indirecta, de los elementos de los ecosistemas, especialmente los depósitos de desmontes, relaces y escorias de las minas.

5. Asegurar la protección de las áreas protegidas y de los ecosistemas frágiles y la restauración de los ambientes que se vean degradados por las actividades de aprovechamiento de los recursos no renovables.

Arto. 105 Se prohibe a los concesionarios de exploraciones y explotaciones mineras e hidrocarburos, el vertimiento en suelos, ríos, lagos , lagunas y cualquier otro curso o fuente de agua , de desechos tóxicos o no tóxicos sin su debido tratamiento, que perjudique a la salud humana y al ambiente.

Arto. 106 No serán sujetos de exploración y explotación, los recursos naturales renovables y no renovables que se encuentren en áreas legalmente protegidas.

Arto. 107 Los yacimientos minerales y demás recursos geológicos se clasifican para los efectos de esta Ley en los siguientes grupos:

1. Los minerales cuyo principal contenido comercial o industrial sean elementos metálicos.

2. Los minerales cuyo principal contenido comercial o industrial sean elementos no metálicos.

3. Las sustancias minerales y rocas de empleo directo en obras de infraestructura y construcción que no requieran mas operaciones que las de arranque, fragmentación y clasificación.

Arto. 108 La extracción de los minerales metálicos y no metálicos, la extracción de piedra y arena, la extracción e industrialización de sal y cal, o, la fabricación de cemento, se sujetarán a las normas técnicas que establezca la Ley específica y su reglamento, a efecto de evitar el impacto negativo que dichas actividades puedan producir en el ambiente y la salud humana.

TITULO IV

DE LA CALIDAD AMBIENTAL

CAPITULO I

NORMAS COMUNES

Arto. 109 Todos los habitantes tienen derecho a disfrutar de un ambiente sano, de los paisajes naturales y urbano y el deber de contribuir a su preservación . El Estado tiene el deber de garantizar la prevención de los factores ambientales adversos , que afecten la salud y la calidad de vida de la población, estableciendo las medidas o normas correspondientes.

Arto. 110 Para la promoción y preservación de la calidad ambiental de los asentamientos humanos, será obligatorio asegurar una equilibrada relación con los elementos naturales que sirven de soporte y entorno, delimitando las áreas industriales, de servicios, residenciales, de transición urbano-rural, de espacios verdes y de contacto con la naturaleza, así como la prevención y adopción de criterios de buena calidad ambiental en las construcciones de edificios.

Arto. 111 El Ministerio del Ambiente y los Recursos Naturales en coordinación con las instituciones del Estado, Gobiernos Autónomos y alcaldías:

1). Orientará el monitoreo y el control de las fuentes fijas y móviles de contaminación, los contaminantes y la calidad de los ecosistemas.

2) Emitirá estándares y normas de calidad de los ecosistemas, los cuales servirán como pautas para la normacin y la gestión ambiental.

3). Emitirá normas de tecnologías, procesos, tratamiento y estándares de emisión, vertidos, así como de desechos y ruidos.

4). Emitirá normas sobre la ubicación de actividades contaminantes o riesgosas y sobre las zonas de influencia de las mismas.

Arto. 112 Serán objeto de normacin y control por las autoridades competentes, todos los procesos, maquinaria y equipos, insumos, productos y desechos, cuya importación, exportación, uso o manejo pueda deteriorar el ambiente o los recursos naturales o afectar la salud humana.

Arto. 113 Se prohibe el vertimiento directo de sustancias o desechos contaminantes en suelos, ríos, lagos, lagunas y cualquier otro curso de agua.

El Ministerio de Salud en coordinación con el Ministerio del Ambiente y los Recursos Naturales, dictará las normas para la disposición, desecho o eliminación de las sustancias, materiales y productos o sus recipiente, que por su naturaleza tóxica puedan contaminar el suelo, el subsuelo, los acuíferos o las aguas superficiales.

Arto. 114 Las Personas Naturales o Jurídicas responsables de una actividad que por acciones propias o fortuitas han provocado una degradación ambiental, tomarán de inmediato las medidas necesarias para controlar su efecto y notificará a los Ministerio del Ambiente y Recursos Naturales y de Salud.

Arto. 115 Es obligación de toda persona natural o jurídica proporcionar a la autoridad ambiental las informaciones solicitadas y facilitar las inspecciones, de acuerdo aprocedimientos establecidos, en las propiedades, instalaciones o locales donde se originen las actividades contaminantes.

Arto. 116 En caso de incumplimiento de las resoluciones emitidas en materia ambiental, la autoridad competente limitará o suspenderá en forma temporal o permanente dicha actividad.

Arto. 117 En los planes de desarrollo urbano se tomarán en consideración por parte de la autoridad competente, las condiciones topográficas, geomorfolgicas, climatológicas y meteorológicas a fin de disminuir el riesgo de contaminación que pudiera producirse.

Arto.118 No podrán introducirse en el territorio nacional, aquellos sistemas, procedimientos, materiales y productos contaminantes cuyo uso está prohibido en el país de origen.

Arto. 119 La importación de equipos, proceso o sistemas y materiales que utilicen energía atómica, cobalto u otro material radiactivo, será reglamentada por la autoridad competente.

Arto. 120 Las actividades industriales, comerciales o de servicio consideradas riesgosas por la gravedad de los efectos que puedan generar en los ecosistemas o para la salud humana, serán normadas y controladas por el Ministerio del Ambiente y los Recursos Naturales y el Ministerio de Salud. La regulación incluirá normas sobre la ubicación, la construcción, el funcionamiento y los planes de rescate para disminuir el riesgo y el impacto de un posible accidente.

CAPITULO II
DE LA CONTAMINACION DE LA ATMOSFERA, AGUA Y SUELO

Arto.121 Las actividades que afecten a la salud por su olor, ruido o falta de higiene serán normados y regulados por el Ministerio de Salud..

Arto. 122 El Ministerio del Ambiente y los Recursos Naturales, en coordinación con el Ministerio de Construcción y Transporte y la Policía Nacional, reglamentará el control de Emisiones de Gases Contaminantes provocados por vehículos automotores.

Arto. 123 Se prohíbe fumar en lugares públicos cerrados, entre estos: cines, teatros, medios de transporte, restaurantes, oficinas públicas y hospitales. Asímismo, la quema de tóxicos en las vías públicas, entre estos , las llantas y otros tóxicos que dañen las vías respiratorias de las personas.

Arto. 124 La fumigación área con agroquímicos, será regulada por la autoridad competente, estableciendo distancias y concentraciones de aplicación , considerando además la existencia de poblados, caseríos, centros turísticos y fuente de agua.

Arto. 125 El Ministerio del Ambiente y los Recursos Naturales como autoridad competente determinará, en consulta con los sectores involucrados, el destino de las aguas residuales, las características de los cuerpos receptores y el tratamiento previo, así como las concentraciones y cantidades permisibles.

Arto. 126 Será prohibido ubicar en zonas de abastecimiento de agua potable, instalaciones cuyos residuales aún tratados provoquen contaminación de orden físico, químico, orgánico, térmico, radioactivo o de cualquier otra naturaleza o presenten riesgos potenciales de contaminación.

Arto. 127 Las aguas servidas podrán ser utilizadas solamente después de haber sido sometidas a procesos de depuración y previa autorización del Ministerio de Salud.

Arto. 128 Se prohíbe cualquier actividad que produzca en la tierra salinización, laterización, desertización o aridificación.

CAPITULO III
DESECHOS SOLIDOS NO-PELIGROSOS

Arto. 129 Las alcaldías operarán sistemas de recolección, tratamiento y disposición final de los desechos sólidos no peligrosos del municipio, observando las normas oficiales emitidas por el Ministerio del Ambiente y los Recursos Naturales y el Ministerio de Salud, para la protección del ambiente y la salud.

Arto. 130 El Estado fomentará y estimulará el reciclaje de desechos domésticos y comerciales para su industrialización, mediante los procedimientos técnicos y sanitarios que aprueben las autoridades competentes.

CAPITULO IV RESIDUOS
PELIGROSOS

Arto. 131 Toda persona que maneje residuos peligrosos está obligada a tener conocimiento de las propiedades físicas, químicas y biológicas de estas sustancias.

Arto. 132 Se prohíbe importar residuos tóxicos de acuerdo a la clasificación de la autoridad competente, así como la utilización del territorio nacional como tránsito de los mismos.

Arto. 133 El Ministerio del Ambiente y los Recursos Naturales, podrá autorizar la exportación de residuos tóxicos cuando no existiese procedimiento adecuado en Nicaragua para la desactivación o eliminación de los mismos, para ello se requerirá de previo el consentimiento expreso del país receptor para eliminarlos en su territorio.

TITULO V

DE LAS COMPETENCIAS, ACCIONES Y SANCIONES EN MATERIA ADMINISTRATIVA Y JUDICIAL

CAPITULO I
DE LAS COMPETENCIAS Y ACCIONES

Arto. 134 Toda infracción a la presente Ley y sus reglamentos, será sancionada administrativamente por la autoridad competente, de conformidad al procedimiento aquí establecido, sin perjuicio de los dispuesto en el Código Penal y las leyes específicas, así como de otras acciones penales y civiles que puedan derivarse de las mismas.

Arto. 135 En caso de delitos, la Procuraduría del Ambiente y los Recursos Naturales, creada en el Arto. 9 de esta Ley, será parte en los procesos ante los Tribunales correspondiente, a fin de garantizar la aplicación de las leyes.

La Procuraduría del Ambiente y los Recursos Naturales, deberá ser instalada por el Poder Ejecutivo en un plazo de seis meses a partir de la entrada en vigencia de esta Ley, tomando en cuenta la propuesta que presente la Comisión Nacional del Ambiente.

Arto. 136 Las resoluciones administrativas para la aplicación de la presente ley y sus reglamentos, cuando afecten los intereses patrimoniales o personales, de las personas física o jurídica, serán apelables de acuerdo al procedimiento administrativo.

Arto. 137 Para los efectos del proceso administrativo, señalado en el Arto.134 de esta Ley, toda persona natural o jurídica podrá interponer denuncia ante la autoridad competente por infracciones a la presente ley, la cual deberá ser por escrito y contener al menos lo siguiente:

1) Generales de ley de o los denunciantes.

2) Nombre, razón social y ubicación de la persona natural o jurídica.

3) Relación de hechos.

4) Lugar para oír notificaciones.

5) firmas

Arto. 138 Admitida la denuncia, la autoridad competente notificará al denunciado en el término de veinticuatro horas hábiles, para su conocimiento.

Una vez hecha la notificación y en un plazo de tres días hábiles, la autoridad competente mandará a oír al denunciado o a su representante legal, asímismo, podrá inspeccionar el lugar de los hechos levantando el Acta correspondiente.

Si la autoridad competente lo considera o si una de las partes lo solicita, se abre a prueba por ocho días, con todo cargo.

Cumplido el término probatorio, la autoridad competente en los siguientes tres días dictará Resolución motivada y debidamente fundamentada.

En los otros tipos de procedimiento Civil y Penal se regirán según dichas leyes.

Arto. 139 Contra las Resoluciones Administrativas que señala el artículo anterior, se establecen los Recursos de Reposición y Revisión, según el caso.

El Recurso de Reposición, se interpondrá por escrito en el término de tres días mas el de la distancia, ante el funcionario de quien emana la Resolución, quien lo admitirá y resolverá sin más trámites en el término de ocho días.

El Recurso de Revisión, se interpondrá por escrito en el término de Tres días ,mas el de la distancia, ante el funcionario de quién emana la Resolución, quién lo admitirá sin mas trámite, dando noticia a las partes y remitiendo todo lo actuado en el término de veinticuatro horas ante el Superior respectivo, éste deberá resolver en un plazo de ocho días, agotándose la vía administrativa.

En los casos de los Recursos de Reposición y Revisión, cuando las autoridades competentes no resuelvan en los términos previstos, la falta de resolución se entenderá como un caso de silencio que produce efectos positivos.

Arto. 140 El ejercicio de la acción ambiental se regirá por las leyes de procedimiento respectivas, y los actores serán tenidos como parte legítima con todos los derechos y garantías procesales que les corresponden.

CAPITULO II
DE LA RESPONSABILIDAD CIVIL

Arto. 141 Toda persona que por acción u omisión deteriore el ambiente, está obligada a reparar los daños y perjuicios que ocasionen a los recursos ambientales, al equilibrio del ecosistema, a la salud y calidad de vida de la población.

Arto. 142 El funcionario que por acción u omisión autorice la realización de acciones, actividades o instalaciones, que causen daños y perjuicios a los recursos ambientales, al equilibrio del ecosistema , a la salud y calidad de vida de la población será solidariamente responsable con quien las haya ejecutado.

Arto. 143 Cuando en la comisión del hecho participen dos o mas personas, estas serán responsables solidariamente de la totalidad de los daños y perjuicios económicos causados. En el caso de Personas Jurídicas, la responsabilidad prevista en este artículo se hará la investigación para determinar las personas que participaron en estos daños.

En el caso de Personas Jurídicas creadas ad hoc y que causen estos daños, la autoridad competente investigará los niveles de responsabilidad de terceros en esta simulación de contrato.

Arto. 144 La eximente de responsabilidad por daños y perjuicios causados, solo tendrá lugar cuando se establezca que estos se produjeron no obstante haberse adoptado todas las medidas destinadas a evitarlo.

Arto. 145 La reparación del daño consiste en el restablecimiento de la situación anterior al hecho, en los casos que sea posible, en la compensación económica del daño y los perjuicios ocasionados al ambiente, a las comunidades o a los particulares.

Arto. 146 Para asegurar los resultados del proceso, la parte actora podrá solicitar, en cualquier estado de la causa las medidas cautelares que se consideren procedentes. El juez podrá de oficio disponer todas las medidas legales que estime necesarias para dentro del proceso garantizar la tutela efectiva del interés general en la producción del ambiente.

Arto.147 En caso de urgencia, se puede solicitar en cualquier estado de la causa, y el Juez deberá disponerlas, las medidas que sean estrictamente necesarias para detener o evitar un daño irreversible al medio ambiente que se esté produciendo o sea inminente, a la calidad de vida de la población y a la salud humana.

CAPITULO III
DE LAS SANCIONES APLICABLES

Arto. 148 Se establecen como sanciones administrativas las siguientes: retención o intervención, clausura, cancelación, suspensión y multas.

Arto. 149 Las infracciones a la presente ley y sus reglamentos, serán sancionadas administrativamente en forma gradual con las sanciones siguientes:

1) Advertencia por notificación de autoridad competente, valorada bajo un criterio de evaluación de la magnitud del impacto ambiental, estableciendo las medidas y el tiempo para la corrección de los factores que deterioren el ambiente.

2) Multa cuya cuantía será establecida teniendo en cuenta la gravedad de las consecuencias y la reincidencia, en un rango de Un MIL a CINCUENTA MIL CORDOBAS dependiendo de la capacidad económica y el daño causado.

3) Suspensión temporal o cancelación de los permisos, autorizaciones, licencias, concesiones y/o cualquier otro derecho para la realización de la actividad.

4) Suspensión parcial, total, temporal o definitiva de actividades o clausura de instalaciones.

Arto. 150 Cuando la gravedad de la infracción lo amerite, la autoridad competente suspenderá, revocará o cancelará la concesión, permiso, licencia y en general de toda autorización otorgada para la realización de actividades comerciales, industriales o de servicios o para el aprovechamiento de recursos naturales que haya dado lugar a la infracción.

Arto. 151 Toda multa o sanción deberá hacerse efectiva en los plazos que se establezcan para cada caso. De los ingresos provenientes de las multas el veinticinco por ciento ingresarán a las Alcaldías de los Municipios donde ocurrió el daño y el Setenticinco por ciento restante al Fondo Nacional del Ambiente, con destino a programas para la conservación del ambiente y la calidad de vida de los habitantes del país.

TITULO VI

DISPOSICIONES TRANSITORIAS Y FINALES

CAPITULO UNICO

Arto. 152 El Poder Ejecutivo en un plazo de Noventa días a partir de la entrada en vigencia de la presente ley, convocará e instalará la Comisión Nacional del Ambiente, la cual funcionará de acuerdo al Reglamento Interno que ella misma elaborará.

Arto. 153 La Comisión Nacional del Ambiente en coordinación con las Instituciones del Estado respectiva, en un plazo de un año, a partir de su instalación, procederá a revisar las leyes, decretos, reglamentos y normas, proponiendo, según sea el caso, su reformulación, reemplazo, complementación o reglamentación, incorporando los principios establecidos en la presente ley.

Arto. 154 El Ministerio del Ambiente y Recursos Naturales, en un plazo de un año, actualizará y precisará los límites y categorías del Sistema Nacional de Areas Protegidas y, propondrá los ajustes correspondientes en concordancia con la presente ley.

Por su importancia estratégica y para efectos de la conservación de la Biodiversidad en Nicaragua, se incorporan al Sistema Nacional de Areas Protegidas, el Refugio de Vida Silvestre LA FLOR, en el Municipio de San Juan del Sur; la Reserva Natural de MIRAFLORES en el Municipio de Estelí y la Reserva de Recursos Genéticos en APACUNCA en el Municipio de Somotillo.

El Ministerio del Ambiente y los Recursos Naturales establecerá los límites y categorías de manejo de cada una de estas reservas.

Arto. 155 Todas las normas y leyes vigentes sobre la materia que no se le opongan serán de aplicación supletoria.

Arto. 156 La presente Ley entrará en vigencia desde la fecha de su publicación en cualquier medio de comunicación, sin perjuicio de su posterior publicación en la Gaceta, Diario Oficial.

Dado en la ciudad de Managua, en la Sala de Sesiones de la Asamblea Nacional, a los Veintisiete días del Mes de Marzo de Mil Novecientos Noventa y Seis.

CAIRO MANUEL LOPEZ Presidente	JAIME BONILLA Secretario

Kolibri 360 GmbH
Ferdinand-Jühlke-Straße 7
99095 Erfurt, Deutschland
produktsicherheit@kolibri360.de

Druck:
CPI Druckdienstleistungen GmbH
im Auftrag der
Kolibri 360 GmbH
Ferdinand-Jühlke-Str. 7
99095 Erfurt